Sitzungsberichte der
Akademie der Wissenschaften
der DDR
Mathematik – Naturwissenschaften – Technik

9 N

1976

Heinz G. O. Becker

Neuere Auffassungen zum Strukturbegriff in der Chemie

AKADEMIE-VERLAG · BERLIN

Sitzungsberichte
der Akademie der Wissenschaften
der DDR
Mathematik — Naturwissenschaften — Technik

Jahrgang 1976 · Nr. 9/N

Heinz G. O. Becker

Neuere Auffassungen zum Strukturbegriff in der Chemie

AKADEMIE-VERLAG · BERLIN
1976

THEORIA CUM PRAXI

Vortrag und Diskussionsbeiträge
der wissenschaftlichen Sitzung
des Plenums der AdW der DDR
am 19. September 1975

Herausgegeben im Auftrage
des Präsidenten der Akademie
der Wissenschaften der DDR
von Vizepräsident Prof. Dr. Heinrich Scheel

Erschienen im Akademie-Verlag, 108 Berlin, Leipziger Straße 3—4

Lizenznummer: 202 · 100/176/76
Gesamtherstellung: VEB Druckhaus Köthen
Bestellnummer: 753 189 6 (2010/76/9/N) · LSV 1215
Printed in GDR
DDR 4,50 M

Inhalt

Heinz G. O. Becker

Neuere Auffassungen zum Strukturbegriff in der Chemie

1. Einleitung

In diesem Vortrag werden zwei Definitionen der Struktur herangezogen: Nach der ersten Definition ist die Struktur eines Körpers die relative Abgehobenheit seiner einzelnen Teile bzw. Teilgebiete und die Ordnung und Zusammenhänge zwischen ihnen, durch die sie sich zu einer Einheit und Ganzheit vereinigen (Kusnezov).

Nach der zweiten Definition ist die Struktur der gegen Transformationen invariante Aspekt eines Systems aus gekoppelten Objekten bzw. Elementen (Ovčinnikov).

Besonders nach der zweiten Definition werden reale Objekte formal als Systeme behandelt, die relativ unabhängig von der konkreten Realität untersucht werden können.

Als chemisches System definieren wir eine endliche, makroskopische Menge von Atomen oder Molekülen, die sich unter Bedingungen befinden, daß chemische Reaktionen unmittelbar oder bei Änderung der äußeren Bedingungen ablaufen.

Gegenstand der Chemie sind die Umwandlungen von Atomen in Moleküle und umgekehrt und die Umwandlung von verschiedenen Molekülen ineinander, sowie die zugrunde liegenden Gesetze.

Mit den beiden letzten Aussagen wird klargestellt, daß die Chemie nur mittelbar, auf Grund makroskopischer Befunde Aussagen über die energetischen und architektonischen Verhältnisse einzelner Moleküle machen kann. Der Bereich der Einzelmoleküle wäre der Mikrophysik zuzuordnen. Allerdings stammt der überwiegende Teil der Informationen über chemische Strukturen aus makroskopischen Befunden. Die Schwierigkeit bei der Feststellung chemischer Strukturen besteht demzufolge darin, daß im allgemeinen nur das makroskopische Gesamtsystem untersucht werden kann, die diesem System zugrunde liegenden Strukturelemente und deren Beziehungen jedoch mikrophysikalischer Natur sind; sie müssen aus dem makroskopischen Gesamtbefund durch Reduktion erschlossen werden. Das ist jedoch ein ebenso heikles wie schwieriges Problem, da nicht a priori Linearität bei der Übertragung makroskopischer Daten in mikroskopische Sachverhalte vorausgesetzt werden kann. Außerdem muß man sich im klaren darüber sein, daß die mikrophysikalischen Sachverhalte im allgemeinen den Charakter von Modellvorstellungen haben. Im Rahmen dieses Vortrages kann auf diese Problematik nicht näher eingegangen werden.

Unbeschadet dieser Schwierigkeiten haben die Chemiker seit 150 Jahren in Strukturen oder richtiger gesagt in Strukturmodellen gedacht, also selbst zu Zeiten, als noch keine Möglichkeiten existierten, Strukturen exakt experimentell zu erfassen. Ja, man kann sagen, daß die Denkhaltung der Chemiker überhaupt durch diesen Reduktionismus geprägt ist.

Butlerov, der in der zweiten Hälfte des vorigen Jahrhunderts zu den führenden Strukturchemikern gehörte, definiert chemische Struktur wie folgt:

„Ausgehend von dem Gedanken, daß jedes chemische Atom, das als Bestandteil des Körpers fungiert, an dessen Bildung teilnimmt und hierbei mit einem gewissen Anteil der ihm eigenen chemischen Kraft (Affinität) einwirkt, bezeichne ich als chemische Struktur die Verteilung der Wirkung der Kraft, die zur Folge hat, daß die chemischen Atome sich zu einem chemischen Teilchen verbinden, wobei sie sich unmittelbar oder mittelbar gegenseitig beeinflussen."

Es sei hervorgehoben, daß die räumliche Verteilung der Atome in dieser Definition enthalten ist. Der Begriff „Struktur" wird aber in der Chemie nicht immer eindeutig in diesem Sinne gebraucht, sondern es wird mitunter lediglich die formale Verkettung der einzelnen Atome ohne Rücksicht auf ihre räumliche Anordnung darunter verstanden und als „Konstitution" bezeichnet. Wir werden diesen eingeengten Strukturbegriff hier nicht benützen.

Es ist reizvoll, die Definition Butlerovs mit einer ad hoc-Definition aus dem Kreise der antiken Materialisten (Demokrit, Leukipp) zu vergleichen, die schreiben:

„Diese Atome aber, die im unendlich Leeren voneinander getrennt seien und sich durch Gestalt, Größe, Lage und Anordnung unterscheiden, bewegen sich in dem leeren Raum und stoßen zusammen. Die einen prallen voneinander ab, andere dagegen verflechten sich miteinander infolge der Symmetrie ihrer Formen, Größe, Lage und Anordnung und bleiben zusammen; auf diese Weise entstehen die zusammengesetzten Körper."

Weil Atome und chemische Verbindungen in bestimmter Weise strukturiert sind, können sie sich nicht in beliebiger Weise verändern, sondern es existieren nur ganz bestimmte Möglichkeiten. Welche dieser Möglichkeiten realisiert werden, hängt von den angewandten äußeren Bedingungen ab. Die Gesetze der mikrophysikalischen Prozesse und der chemischen Elementarreaktionen zwischen einzelnen Molekülen können demzufolge umgekehrt aus der Antwort eines chemischen Systems auf bestimmte, zweckentsprechend gewählte Reaktionsbedingungen erschlossen werden, auch wenn der Zusammenhang normalerweise nicht einfach und nicht linear ist. Diese empirische, ganzheitliche Arbeitsweise war bis in die Mitte unseres Jahrhunderts der wichtigste Weg zur Aufklärung von Strukturproblemen.

Ein zweiter Weg besteht darin, die Struktur, ausgehend von bestimmten Grundpostulaten und allgemeinen Gesetzmäßigkeiten durch Deduktion zu erschließen. In der Geschichte der Strukturchemie sind diese beiden Methoden immer nebeneinander und gemeinsam angewandt worden, und die Konfrontation von Deduktion und Empirie muß als sehr wichtige Triebkraft der insgesamt imponierenden Entwicklung der letzten 100 Jahre angesehen werden.

Der deduktive Weg hat zunehmend an Bedeutung gewonnen seit der Anwendung der SCHRÖDINGER-Gleichung auf die Probleme der chemischen Struktur durch E. HÜCKEL (1925). Gestützt auf die großen Potenzen moderner Elektronenrechenmaschinen ist inzwischen ein ganzer Zweig der Chemie bzw. Mikrophysik entstanden, die sogenannte Quantenchemie. Es können heute bereits relativ große Moleküle im Hinblick auf ihre Struktur und andere Parameter berechnet werden. Allerdings sind in den meisten Fällen noch adjustierbare Parameter erforderlich, die aus Experimenten gewonnen werden müssen. Nur für kleinere Moleküle gelingt es, ohne derartige Zusatzwerte auszukommen (ab-initio-Berechnungen).

Schließlich ist als dritter Weg zur Aufklärung von chemischen Strukturen der Einsatz moderner Analysenmethoden vor allem spektroskopischer Verfahren zu nennen. Die größte Aussagekraft hat ohne Zweifel die Röntgenstrukturanalyse, die in den letzten Jahren durch den Einsatz von Elektronenrechnern zur Programmsteuerung und Auswertung außerordentlich vervollkommnet worden ist, so daß Einzelheiten bis etwa zur Größe von 0,2 nm aufgelöst werden können.

Ein klassisches Beispiel ist die Strukturaufklärung des Diamants durch BRAGG 1913, die den Startpunkt dieser Entwicklung markiert. Ihren Höhepunkt fand sie in der Strukturaufkärung des Vitamins B 12 durch den gekoppelten Einsatz normaler chemischer Experimente, der Röntgenstrukturanalyse und der Quantenchemie (CRAWFOOD-HIGGINS).

Die ausgezeichnete Übereinstimmung der durch Reduktion chemisch-experimenteller Befunde erhaltenen Ergebnisse mit denen der mikrophysikalischen Methoden zeigt einmal mehr, daß die Chemie ebenso wie die Physik als exakte Wissenschaft bezeichnet werden muß.

2. *Die Architektonik von Einzelmolekülen*

Sofern Moleküle eine zeitlich konstante Struktur besitzen, die wir als „Architektonik" bezeichnen wollen, kann diese mit klassischen chemischen Reaktionen makroskopisch untersucht und aus dem Ergebnis die mikroskopische Struktur der Einzelmoleküle reduktiv erschlossen werden. Auf diese Weise ist die klassische Strukturtheorie experimentell untermauert und ein einfaches geometrisches Strukturmodell für Kohlenstoffverbindungen geschaffen worden, dessen wichtigste Erkenntnis darin besteht, daß das Kohlenstoffatom maximal vier Bindungen ausbilden kann, die in sich gestreckt sind und miteinander einen Winkel von 109° bilden (vgl. Abb. 1).

In der Abbildung ist dargestellt, wie das Kohlenstoffatom im Zentrum angeordnet und von vier Atomen bzw. Atomgruppen, sogenannten Substituenten umgeben ist. Die Außenkontur des so entstehenden Moleküls stellt ein Tetraeder dar. Sofern die vier Substituenten gleich sind, wird tatsächlich ein ideales Tetraeder erhalten, wie sich durch physikalische Bestimmungen der Bindungswinkel und Bindungslängen beweisen ließ. Wenn man die Darstellung a bzw. b des Tetraeders in die Papierebene projiziert, erhält man die Projektionsformel c, die vollständig der üblichen Schreibweise chemischer Formeln entspricht, wie dies für Methan, Tetrachlormethan und Chloroform dargestellt ist. Die chemischen Formeln sind also nicht als rein formale Darstellungen anzusehen, sondern spiegeln die Realität richtig wider und stellen reale Moleküle und deren Strukturmodelle auf einer Meta-Ebene dar. Dieser materielle Bezug ist im Denken der Chemiker tief verwurzelt.

Die Substituenten am zentralen Kohlenstoffatom sind beliebig wählbar, und auch das zentrale Kohlenstoffatom kann durch andere, vierbindige Zentralatome ersetzt werden, z. B. durch Silicium oder durch positiv geladenen Stickstoff, ohne daß die so zustande kommenden Moleküle grundsätzlich andere Struktur aufweisen. Die durch das Tetraeder-Modell abstrahierte Struktur und die entsprechenden Strukturformeln stellen deshalb einen invarianten Aspekt dieser Verbindungsklassen dar und gehorchen der allgemeinen Definition der Struktur, wie sie oben gegeben wurde.

Auf der Grundlage der Tetraeder-Struktur lassen sich leicht die richtigen Strukturen für Verbindungen aus mehreren Kohlenstoffatomen angeben (vgl. Abb. 2).

Der Ersatz eines Wasserstoffatoms an einer Tetraeder-Ecke durch ein zweites Tetraeder, das heißt durch Verknüpfung zweier Tetraeder über eine Ecke führt zur Struktur von Äthan und den davon abgeleiteten Verbindungen. Die so miteinander verknüpften Tetraeder sind frei gegeneinander verdrehbar. Wenn man in der gleichen Weise weitere Atomgruppen mit Kohlenstoff als Zentralatom an-

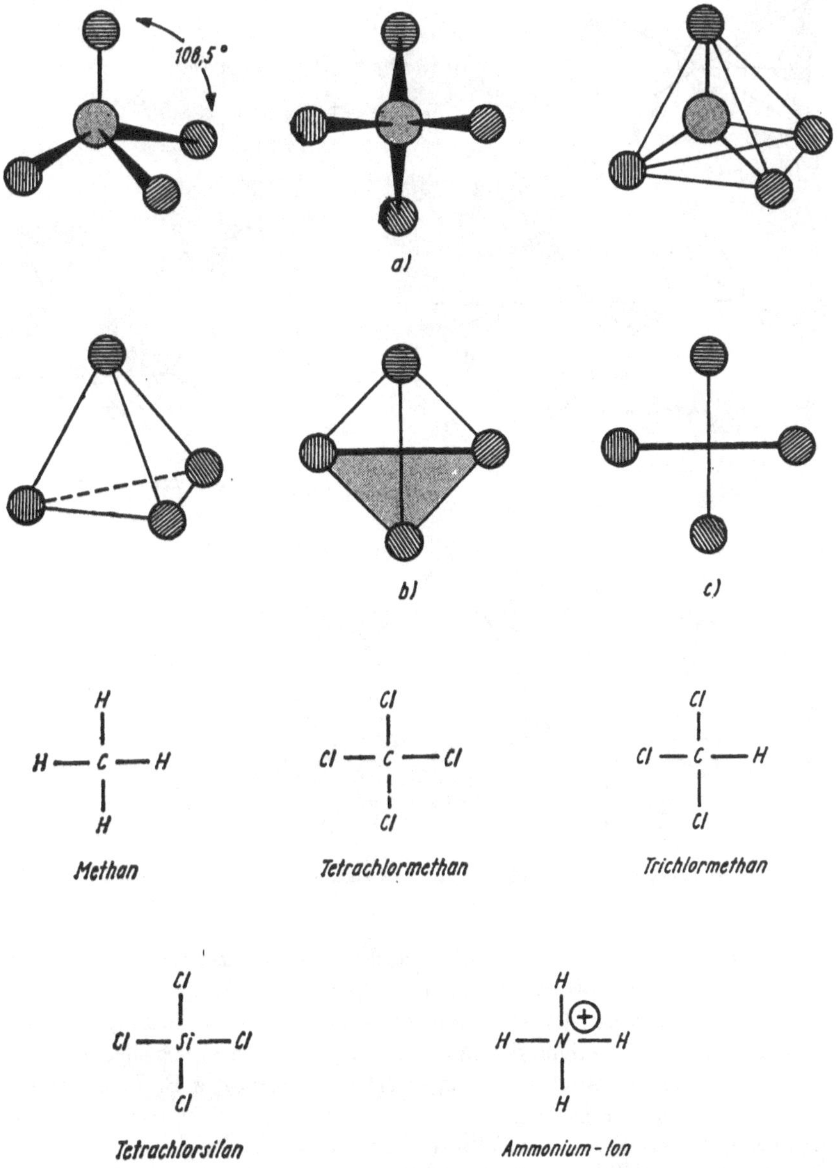

Abb. 1 Tetraedermodell gesättigter Verbindungen mit vierbindigem Zentralatom und daraus durch Projektion in die Papierebene erhaltene Projektionsformeln

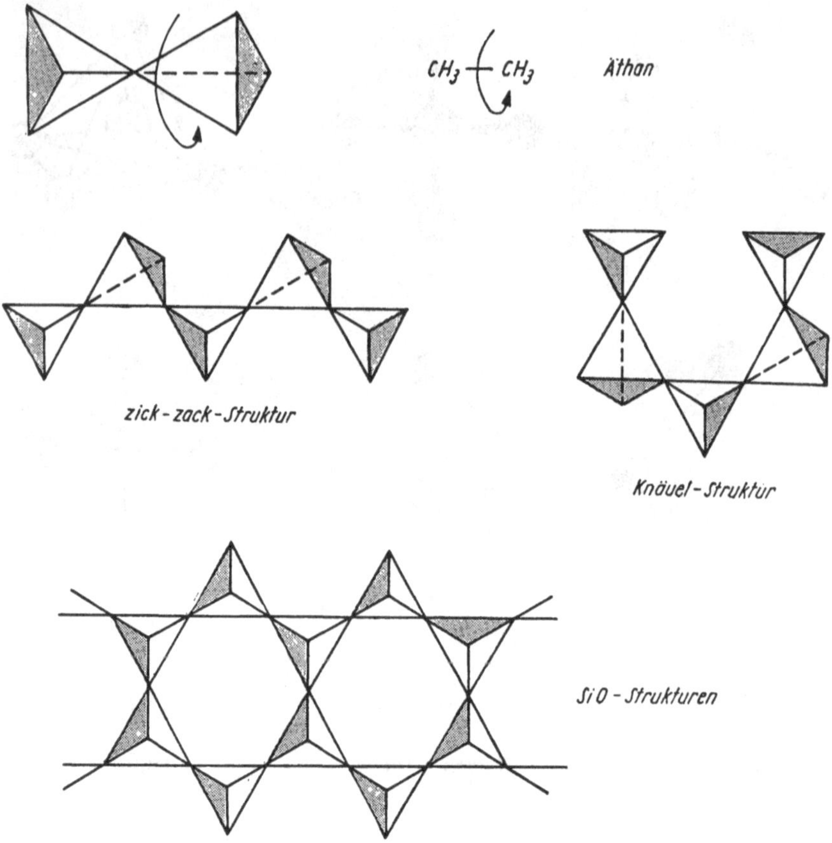

Abb. 2 Verknüpfung von Tetraeder-Einheiten zu komplizierteren Molekülen

fügt, entstehen infolge dieser freien Drehbarkeit entweder zickzack-förmige oder geknäuelte Strukturen. Diese sogenannte Sekundärstruktur ist in erster Näherung statistisch bedingt. Es ist aber möglich, daß der Kette durch zusätzliche Wechselwirkungen innerhalb des Moleküls oder zwischen verschiedenen Molekülen eine bestimmte Anordnung aufgeprägt wird. So liegt z. B. die allerdings wesentlich komplizierter gebaute Cellulose, die in nahezu reiner Form die Baumwolle bildet, in der Zickzackform vor, die für die Faserstruktur verantwortlich ist. Die chemisch vollständig gleichartig zusammengesetzte Stärke hat dagegen Knäuelstruktur und bildet Körner. Zusammenhänge dieser Art sind generell sehr wichtig für den Zusammenhang zwischen Struktur und Werkstoffeigenschaften, sie spielen vor allem bei hochpolymeren Verbindungen eine wichtige Rolle.

Im Sinne der Invarianz können die Kohlenstoffatome durch Siliciumatome und die Wasserstoffatome durch Sauerstoffatome ersetzt sein. Da Sauerstoff im Gegensatz zum einbindigen Wasserstoff zweibindig ist, können zwei Tetraeder über eine Sauerstoffbrücke miteinander verknüpft sein. Den Kohlenwasserstoffen analog gebaut sind auf diese Weise die Pyroxene $(SiO_3^{2-})_n$. Es können jedoch auch zwei solcher Ketten zu einem Band vereinigt sein, wie z. B. im Asbest, oder zu einem zweidimensionalen Netz (Blatt-Struktur), wie z. B. in den Glimmern. Auch hier bedingt die Molekülstruktur die bekannten Eigenschaften dieser Stoffe.

In gleicher Weise lassen sich die Strukturen komplizierter gebauter Kohlenstoffverbindungen angeben (vgl. Abb. 3).

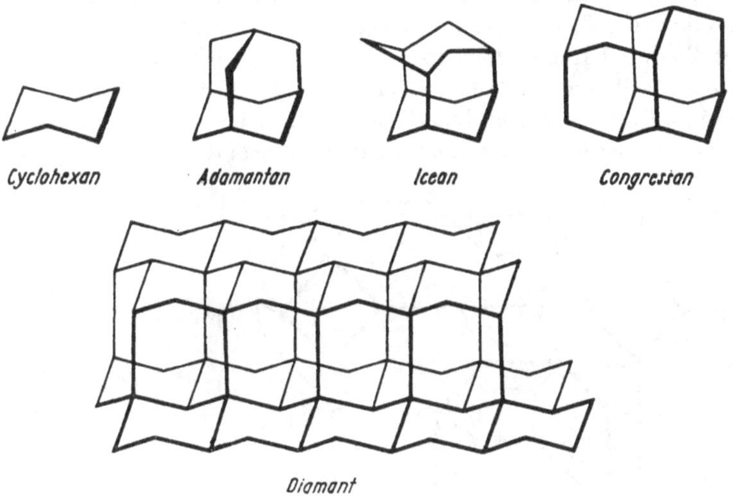

Abb. 3 Strukturen komplizierterer Kohlenstoffverbindungen (Diamant: Ausschnitt aus dem Molekülgitter)

Wir verwenden hier relativ stark abstrahierte Formeln, wie sie in der Chemie üblich sind. Beim Cyclohexan ist an jeder Ecke des Sechsringes ein Kohlenstoffatom zu denken, das die zur Gesamtbindigkeit 4 verbleibende Anzahl Wasserstoffatome trägt, im vorliegenden Falle also jeweils zwei. Die als Sesselstruktur bezeichnete räumliche Anordnung ist durch Kristallstruktur-Analyse und andere physikalische Daten bewiesen. Wenn man drei Wasserstoffatome des Cyclohexans durch zusätzliche Kohlenstoff-Gruppierungen ersetzt, ergibt sich das Adamantan, das im Erdöl vorkommt und auch synthetisch leicht zugänglich ist, weiterhin das Icean, dessen in englischer Sprache gegebener Name auf die Ähnlichkeit zur Struktur des Eises hinweist, bei dem an jeder Ecke bzw. Verknüpfungsstelle ein Sauerstoffatom zu denken ist (vgl. auch Abb. 14); es wurde 1974 synthetisiert. Die Struktur des Congressans wurde 1963 von einem Graphiker als Emblem für einen Internationalen Chemie-Kongreß frei erfunden. Diese schöne hochsymmetrische Verbindung reizte natürlich die Chemiker, und 1965 hatte Schleyer die entsprechende Verbindung synthetisiert; er gab ihr folgerichtig den Namen Congressan. Besetzt man schließlich alle vier Valenzen des Kohlenstoffatoms im Sinne des Bauprinzips der eben genannten Verbindungen durch weitere Kohlenstoffatome, erhält man ein hochmolekulares Gebilde hoher Symmetrie, den Diamant.

Wenn anstelle der Kohlenstoff-Tetraeder im Diamant Tetraeder mit Silicium als Zentralatom und Sauerstoffatomen in den Tetraederecken vorliegen, ergibt sich die Struktur des Quarzes. Auch hier ergeben sich deutliche Verwandtschaften in den Werkstoffeigenschaften. Es gibt weitere aus SiO_4- und AlO_4-Tetraedern aufgebaute Raumstrukturen von faszinierender Architektonik, die Zeolithe (vgl. Abb. 4). Sie bilden im Inneren ein miteinander verbundenes System von Hohlräumen, die nach außen Öffnungen genau definierter Größe besitzen.

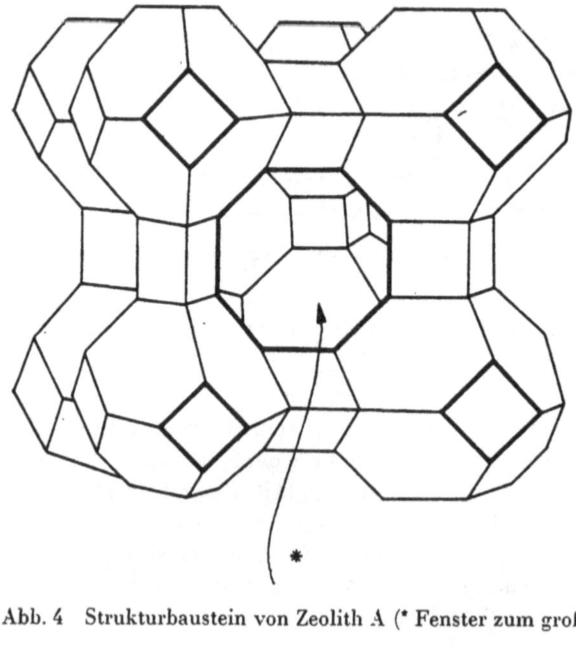

Abb. 4 Strukturbaustein von Zeolith A (* Fenster zum großen Hohlraum)

In den Hohlräumen können kleinere, gestreckt gebaute Moleküle adsorbiert werden, sofern sie durch die Öffnung hindurchpassen. Auf diese Weise entsteht eine Art Sieb, und diese Verbindungen werden auch als Molsiebe bezeichnet. Sie haben größte technische Bedeutung, z. B. für die Trennung von gradkettigen und verzweigten Kohlenwasserstoffen, etwa beim PAREX-Verfahren.

Es existieren nun aber auch Verbindungen des Kohlenstoffs, in denen nicht die Maximalzahl von Substituenten gehalten ist, sogenannte ungesättigte Verbindungen. So kennt man z. B. außer dem Äthan C_2H_6, die beiden wasserstoffärmeren Verbindungen C_2H_4, das Äthylen und C_2H_2, das Acetylen (vgl. Abb. 5).

Im Sinne der bisher entwickelten formal-geometrischen Vorstellungen kann man sich denken, daß in diesen Verbindungen zwei Kohlenstoff-Tetraeder entweder über zwei Ecken, das heißt an Tetraederflächen miteinander verbunden sind. In den vereinfachenden Strukturformeln wird dies durch Doppel- bzw. Dreifachbindungen ausgedrückt. Durch die Verknüpfung über Tetraederkanten oder -flächen rücken die zentralen Kohlenstoffatome näher aneinander als im Äthan, und der C—C-Bindungsabstand sollte vom Äthan über das Äthylen zum Acetylen abnehmen. Das ist in der Tat so, und die C—C-Bindungslängen betragen 0,154, 0,133 und 0,120 nm.

Im Äthylen ist die freie Drehbarkeit um die C—C-Bindung aufgehoben. Es existieren deshalb z. B. vom 1.2-Dichloräthylen zwei Formen, je nachdem ob die beiden Chloratome beide diesseits oder auf verschiedenen Seiten der durch die C—C-Bindung gebildeten Ebene stehen. Dies wird als cis-trans-Isomerie bezeichnet und ist z. B. durch das Dipolmoment leicht nachweisbar, das für die trans-Verbindung Null beträgt.

Bei formaler Verknüpfung von drei Äthylen-Einheiten zu einem Ring ergibt sich das Benzol, das entsprechend dem Charakter der C—C-Doppelbindung völlig eben gebaut ist. Es stellt den Grundkörper der sogenannten aromatischen Verbindungen dar; die chemische Ähnlichkeit mit dem Äthylen ist allerdings relativ wenig ausgeprägt.

Die gegebene Modellvorstellung für Äthylen bzw. Acetylen ist aber heikel, denn man ist entweder gezwungen, das Postulat von typischen Bindungswinkeln für das tetraedrische Kohlenstoffatom von etwa 109° oder die Annahme von gestreckten Bindungen fallenzulassen. Tatsächlich gibt es Modellvorstellungen, die mit gebogenen Bindungen, sogenannten Bananenbindungen arbeiten. Das ist in der Abb. 5 mit dargestellt. Das Problem läßt sich jedoch auf der bisher diskutierten Ebene nicht befriedigend klären, sondern das angewandte primitive geometrische Modell vermag die Realität allenfalls zu illustrieren.

Wir müssen nunmehr die Frage stellen, wodurch denn die Struktur von Molekülen eigentlich bedingt ist. Ist sie eine Folge der Wechselwirkung zwischen den Substituenten, also ein Effekt der Packung, oder eine dem Zentralatom

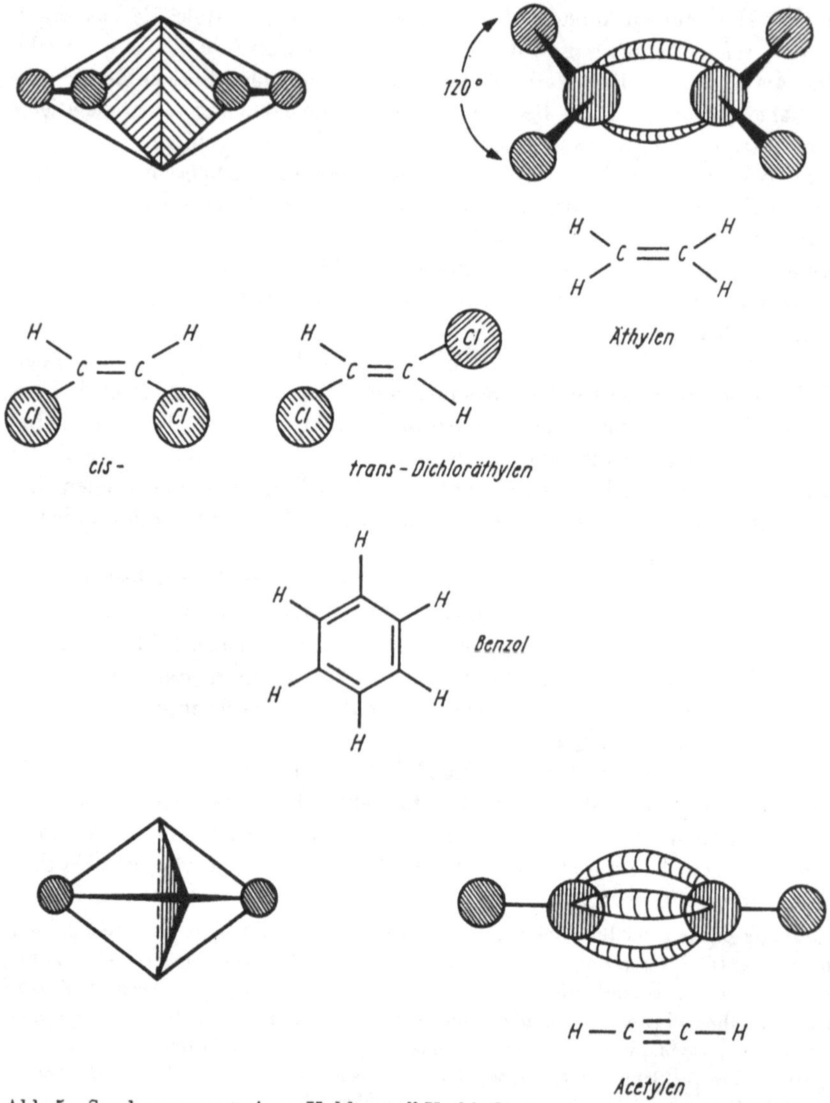

Abb. 5 Struktur ungesättigter Kohlenstoff-Verbindungen

immanente Eigenschaft? Diese Frage ist für die vorliegende Themenstellung bedeutungsvoll, weil damit der Geltungsbereich des Invarianz-Aspekts berührt wird. Das chemische oder mikrophysikalische Experiment vermag prinzipiell keine eindeutige Antwort zu geben, da nur Verbindungen in ihrer Gesamtheit untersucht werden können. Die Entscheidung läßt sich aber ausgehend von grundlegenden Vorstellungen über die Struktur der Atome fällen. Danach sind Atome aus positiv geladenen Atomkernen und negativ geladenen Elektronen aufgebaut. Für die Bindungsphänomene sind vor allem die Elektronen maßgebend. Ihre Eigenschaften können durch Wellengleichungen beschrieben und mit Hilfe der SCHRÖDINGER-Gleichung mathematisch behandelt werden. Es ergibt sich, daß eine Reihe fundamentaler Randbedingungen auftreten, die man Quantenzahlen nennt. Eine dieser Quantenzahlen, die Spinquantenzahl, sagt aus, daß sich die Elektronen außer um den Kern auch um ihre eigene Achse drehen und dabei zwei entgegengesetzte Drehrichtungen (Spin) möglich sind. Nach einem allgemeinen Prinzip, dem PAULI-Prinzip, können zwei Elektronen mit gleichgerichtetem Spin nicht am gleichen Ort im Raum sein, sondern werden sich im Gegenteil möglichst weit voneinander entfernt aufhalten. In Weiterführung dieser Postulate lassen sich die wahrscheinlichsten Aufenthaltsorte der Elektronen formal als Punkte auf einer Kugeloberfläche angeben (vgl. Abb. 6).

Es ergibt sich auf diese Weise eine bestimmte räumliche Struktur der Elektronenhülle von Atomen und in ähnlicher Weise auch von Molekülen. Damit ist die gestellte Frage nach der Ursache der Strukturierung von Molekülen beantwortet: Die Molekülstruktur ist eine allgemeine Folge der Atomstruktur, und Begriffe wie „Atomstruktur" — genauer allerdings „Struktur der Atome im Valenzzustand" — oder „Bindung" stellen invariante Aspekte der Struktur von Molekülen dar.

Im einzelnen ergeben sich nach Abb. 6 für Verbindungen des Typs AX_2 gestreckte Moleküle wie z. B. bei HgX_2, ZnX_2 und bei Verknüpfung zweier derartiger Einheiten das Molekül des Acetylens. Der eben trigonale Typ AX_3 ist z. B. in BX_3, AlX_3 und bei Verknüpfung zweier Einheiten im Äthylen bzw. generell in ungesättigten Kohlenstoffverbindungen realisiert. Im Typ AX_2E bedeutet E ein freies, nicht in eine Bindung einbezogenes Elektronenpaar, das den nicht dick gezeichneten Punkt auf der Kugeloberfläche besetzt; er repräsentiert V-förmige Moleküle wie z. B. SnX_2 und PbX_2. Der Typ AX_4 entspricht den tetraedrischen Kohlenstoffverbindungen, aber auch solchen Molekülen wie BX_4^-, AlX_4^- und NH_4^+. Der Typ AX_3E ergibt trigonal-pyramidale Moleküle wie z. B. NH_3 bzw. NX_3 und PX_3. Der Typ AX_2E_2 ist im Wasser realisiert, das gewinkelt gebaut ist, aber nicht etwa einen Winkel von 90° zwischen den H-Atomen und dem Sauerstoffatom aufweist, sondern einen Tetraederwinkel, der hier allerdings nur 104,5° beträgt. Die weiter unten stehenden Typen finden ebenfalls ihre Bestätigung in realen Molekülen, so der sehr wichtige Typ AX_6 im SF_6, vor allem aber in vielen und wichtigen Koordinationsverbindungen der Übergangsmetalle, die häufig oktaedrisch gebaut sind (vgl. z. B. Abb. 19).

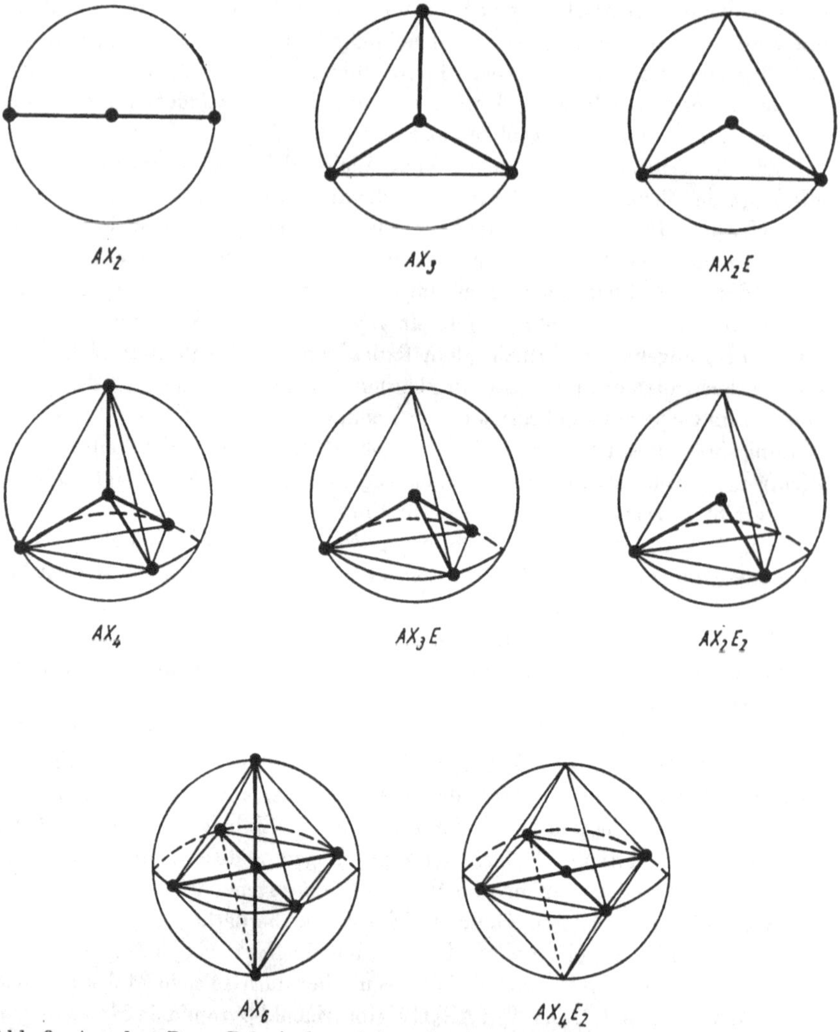

Abb. 6 Aus dem Pauli-Prinzip hergeleitete Strukturtypen chemischer Verbindungen

Quadratisch-planare Verbindungen des Typs AX_4E_2 liegen z. B. in Verbindungen des Platins und Palladiums vor (vgl. Abb. 19).

Wir können lediglich erwähnen, daß entsprechende Ergebnisse auch mit Hilfe eines anderen Modells, der sogenannten Hybridisierung erzielt werden können; die wellenmechanische Basis ist allerdings nicht völlig einwandfrei[1].

Die strukturellen Möglichkeiten sind mit den vorstehenden Beispielen allerdings nicht erschöpft, und wenn man genügend Energie zuführt, lassen sich durchaus Moleküle synthetisieren, die kleinere und deshalb sehr gespannte Bindungswinkel besitzen (vgl. Abb. 7).

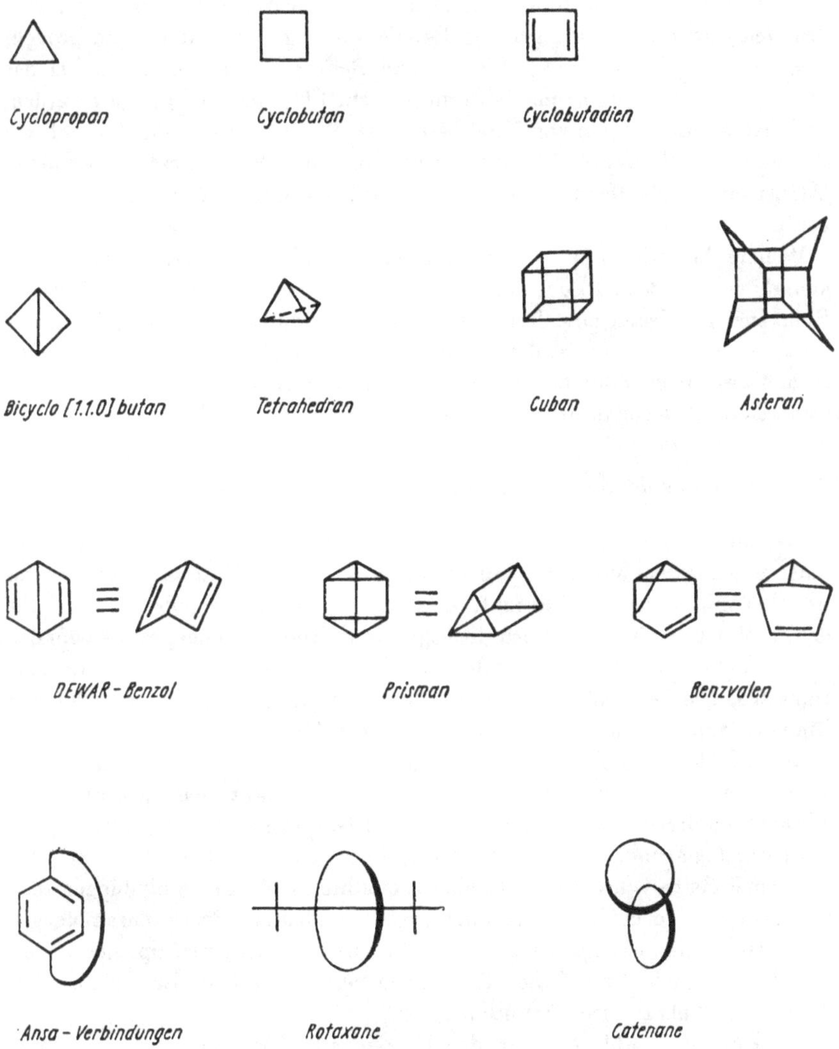

Abb. 7

So lassen sich Cyclopropan und Bicyclobutan mit Bindungswinkeln von nur 60° leicht herstellen, ebenso das Cyclobutan-System. Man kann sogar vier Cyclobutan-Einheiten zum Cuban vereinigen, von dem bereits eine große Zahl von Abkömmlingen synthetisiert ist. Das Molekül des Cyclobutadiens ist bisher nur bei tiefen Temperaturen bzw. aber in Form von Derivaten erhalten worden, und das Tetrahedran konnte überhaupt noch nicht synthetisiert werden; lediglich eine analog gebaute Bor-Verbindung ist bekannt. Von großem Interesse sind DEWAR-Bezol, Prisman und Benzvalen, die sich leicht bei der Photolyse aus Benzol bilden. Dabei müssen nur Elektronen umgelagert werden, und man spricht deshalb von Valenz-Isomerie. Prisman ist um über 90 kcal/mol energiereicher als Benzol und sollte sich explosionsartig in dieses umwandeln. Das ist aber verblüffenderweise nicht so. Auf den Grund kommen wir später zurück.

Weitere bemerkenswerte Verbindungen sind die Ansa-Verbindungen, Abkömmlinge des Benzols, das durch einen Henkel (ansa) überbrückt ist, und die Rotaxane, bei denen eine frei bewegliche Achse durch einen Ring hindurchgeht. In den Catenanen ist die Achse der Rotaxane zu einem Ring verknüpft, so daß zwei ineinander hängende Ringsysteme entstehen; Catenane kommen wahrscheinlich sogar in der Natur vor (in bestimmten Eiweiß-Strukturen).

3. Relativierung des Strukturbegriffs

Wir müssen uns nunmehr darüber klar werden, daß wir Strukturen bisher unter einem metaphysischen Aspekt betrachtet haben. Materie ist jedoch untrennbar mit Bewegung verknüpft, und Moleküle enthalten selbst in der Nähe des absoluten Nullpunktes noch die sogenannte Nullpunktenergie; sie befinden sich deshalb nicht in Ruhe, sondern vollführen noch Schwingungen um eine Ruhelage. Die bei beliebigen Temperaturen bestimmten Bindungslängen und Bindungswinkel stellen deshalb nur statistische Mittelwerte dar, und auch die Architektonik von Molekülen ist nur innerhalb dieser Grenzen als starr anzusehen. Der Strukturbegriff wird jedoch dadurch nicht nennenswert eingeschränkt, da diese Schwankungen um den Mittelwert auch bei Raumtemperatur nur geringfügig sind.

In einer Reihe von Fällen wird aber beobachtet, daß sich Verbindungen relativ leicht und reversibel in Verbindungen der gleichen Brutto-Zusammensetzung, aber veränderter Struktur umlagern. Obwohl kein prinzipieller Unterschied zu normalen chemischen Reaktionen besteht, wird die Erscheinung traditionsgemäß als Isomerie bezeichnet.

Die Kurven in Abb. 8 geben den Energieverlauf während der chemischen Reaktion von A zu B bzw. umgekehrt von B zu A wieder.

Die Reaktion des Stoffes A zum Stoff B, der eine niedrigere Energie besitzen möge, verläuft im allgemeinen nicht freiwillig, so wie Wasser den Berg hinabfließt, sondern es muß zur Auslösung der Umsetzung zunächst Energie zugeführt werden, die sogenannte Aktivierungsenergie. Die Reaktionsgeschwindigkeit ist exponentiell von dieser Aktivierungsenergie abhängig und um so größer, je kleiner diese ist. Aus diesem Grunde ist im Fall 1 die Reaktion von A zu B gegenüber der umgekehrten Reaktion von B zu A weit bevorzugt, weil E_{AB} viel kleiner ist als E_{BA}. Die beiden Verbindungen lagern sich deshalb nicht ohne weiteres wechselseitig ineinander um. Das ist aber möglich, wenn A und B gleiche oder ähnliche Energie besitzen, Fall 2. Allerdings muß auch hier eine hohe Aktivierungsenergie zugeführt werden, das heißt, die beiden Isomeren A und B sind durch eine hohe Energiebarriere getrennt und stellen stabile Stoffe dar, die in reiner Form isoliert und gehalten werden können. Für den Strukturbegriff ergeben sich deshalb keinerlei erkenntnistheoretischen Probleme.

Wenn dagegen die beiden Isomeren gleiche oder nahezu gleiche Energie besitzen und nur durch eine niedrige Energiebarriere getrennt sind, Fall 3, lagern sie sich bereits bei Raumtemperatur oder sogar darunter sehr schnell ineinander um, so daß es nicht mehr gelingt, die beiden Isomeren zu isolieren. Zu dieser Gruppe gehören Stereo-Isomerisierungen, die durch Drehung um die Kohlenstoff—Kohlenstoff-Einfachbindungen zustande kommen, so z. B. Umlagerungen der oben genannten Zickzackform einer Kette in die geknäuelte Form. Das wird mit Konformations-Isomerie bezeichnet. Es hat sich nämlich herausgestellt, daß die klassische Forderung nach freier Drehbarkeit um Einfachbindungen nicht streng erfüllt ist. Die einzelnen Drehungsisomeren sind vielmehr durch Energiebarrieren von einigen wenigen kcal/mol getrennt, so daß bestimmte energetisch bevorzugte Raumformen möglich werden, die Rotameren oder Konformeren. Diese Art der Isomerie ist besonders eingehend bei Cyclohexan-Systemen untersucht worden (vgl. Abb. 9.).

So kann sich die Sesselform I verdrehen und eine verdrillte Struktur, die Twist-Form liefern, was etwa 5 kcal/mol erfordert. Bei weiterer Verdrillung klappt das System zu einem neuen Sessel II um. Während in der Sesselform I die beiden eingezeichneten Substituenten gewissermaßen nach dem Äquator des Moleküls weisen und als äquatorial angeordnet bezeichnet werden, weisen sie im Sessel II nach den Polen, was man als axiale Konformation bezeichnet. Axiale und äquatoriale Substituenten haben aber unterschiedliche Reaktivität, so daß sich wichtige Folgerungen für die chemischen Reaktionen dieser labilen Systeme ergeben. Das spielt vor allem im biologischen Bereich eine ausschlaggebende Rolle, da Fermente und Enzyme nach dem Schlüssel—Schloß-Prinzip arbeiten und bereits kleine Konformations-Änderungen einen derartigen Mechanismus außer Kraft setzen können.

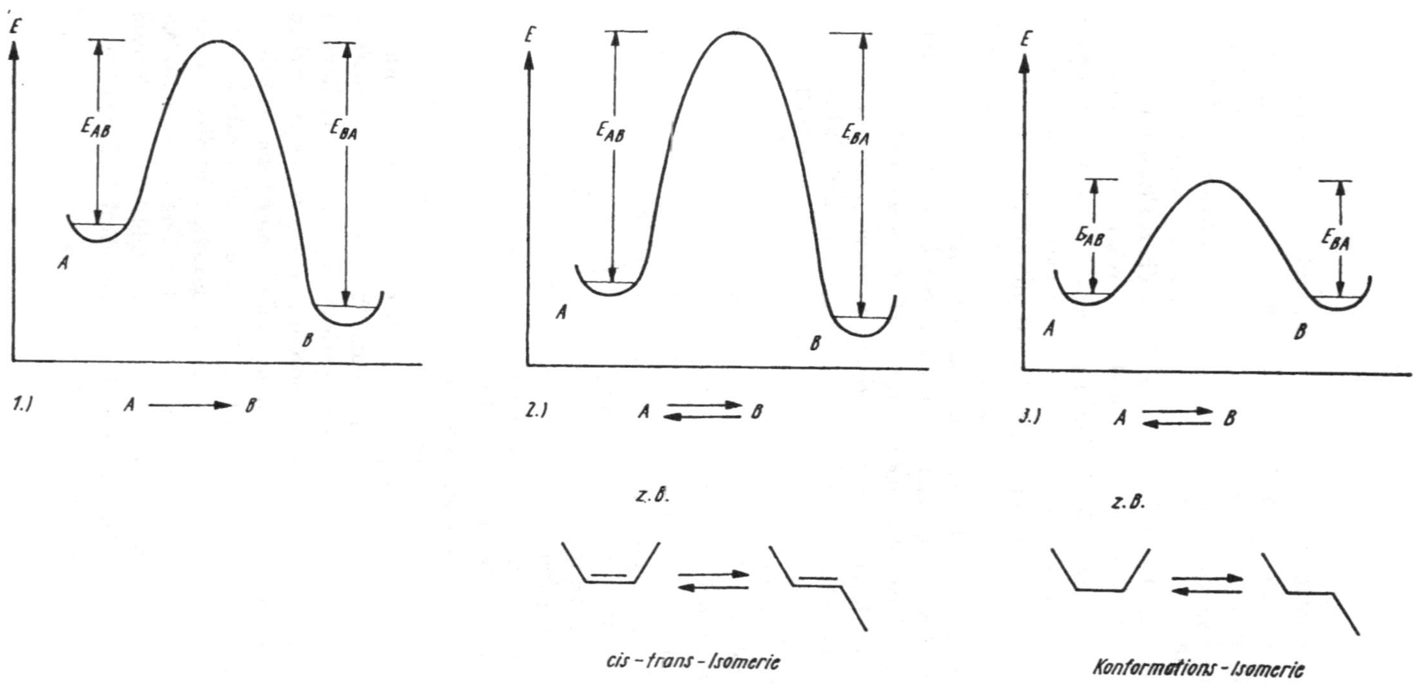

Abb. 8 Änderung der potentiellen Energie E im Verlauf chemischer Reaktionen
1. irreversible Reaktion
2. reversible Reaktion mit hoher Potentialschwelle in beiden Reaktionsrichtungen
3. reversible Reaktion mit niedriger Potentialschwelle in beiden Richtungen
E_{AB} bzw. E_{BA} Aktivierungsenergie in Richtung A $\longrightarrow$ B bzw. B $\longrightarrow$ A

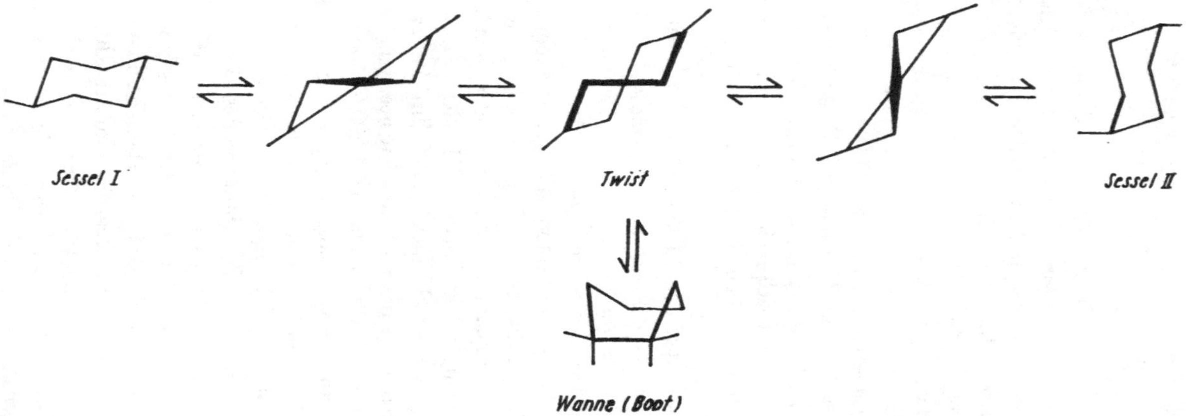

Abb. 9 Konformations-Isomerie an Cyclohexan-Verbindungen. Die beiden herausragenden Striche symbolisieren Substituenten

Die Twist-Form der Cyclohexan-Systeme steht außerdem noch mit einer energiereichen Form, der Wannen- oder Boot-Form im Gleichgewicht, die wiederum eine andere Reaktivität hat.

Für unsere Problematik ist die Frage wichtig, ob denn im Falle von Konformations-Isomeren überhaupt noch von einer einheitlichen, definierten Struktur der betreffenden Verbindungen gesprochen werden darf. Sie muß eindeutig mit Ja beantwortet werden. Es läßt sich nämlich durch physikalische Messungen bei tiefen Temperaturen zeigen, daß die Konformeren real existieren und sich gesetzmäßig ineinander umlagern, bei höheren Temperaturen aber so rasch, daß die relativ langsame physikalische Meßmethode gewissermaßen keine Momentaufnahme, sondern nur noch ein verschmiertes Bild der Verhältnisse liefert.

Die Sachlage kompliziert sich aber noch weiter. Es existieren nämlich Verbindungen, die sich zwar leicht umlagern, dabei aber immer die gleiche Verbindung liefern, das heißt A lagert sich nicht zu B um, sondern zu A. Ein faszinierendes Beispiel für diesen scheinbar paradoxen Fall ist das Bullvalen (Abb. 10).

In diesem Molekül lagern sich nur Elektronen aus den Doppelbindungen und aus dem Dreiring um; es handelt sich also um eine Valenz-Isomerisierung. Wie im Bild durch einen dicken Punkt markiert, wandert ein Kohlenstoffatom während der Umlagerung durch das ganze Molekül. Das kann man z. B. durch Markierung mit Hilfe des Kohlenstoffisotops 13 C auch experimentell verfolgen. Es sind beim Bullvalen nicht weniger als 1 209 600 Isomere möglich, die sich jedoch makroskopisch überhaupt nicht unterscheiden, sondern makroskopisch liefert jeder Umlagerungsschritt wieder Bullvalen. Mikroskopisch tauschen alle 10 Kohlenstoffatome jedoch unaufhörlich ihre Plätze; wir kommen zu dem interessanten Ergebnis, daß dem Bullvalen bei Raumtemperatur nur mikroskopisch eine einheitliche Struktur (besser 1 209 600 einheitliche Strukturen) zugeordnet werden kann, makroskopisch aber nur ein Mittelwert aus allen diesen Strukturen. Man spricht von Verbindungen mit fluktuierender Struktur. Das Bullvalen ist für eine organische Verbindung ungewöhnlich stabil; es kann ohne Zersetzung auf 400° erhitzt werden. Der Grund dafür ist gerade die mikroskopische Instabilität der Struktur, durch die die zugeführte Energie vernichtet wird. Man kommt hier in die Nähe des biologischen Strukturbegriffs als „Höchstveränderlichkeit, die in sich stabil ist".

Die Grenze des Isomerie- und Strukturbegriffs wird erreicht, wenn die Umlagerungsgeschwindigkeit der Elektronen in die Größenordnung der Elektronenschwingungen kommt, da dann der Versuch der Unterscheidung infolge der Unschärferelation gegenstandslos wird. Dieser Punkt ist möglicherweise bei dem Molekül des Benzols und der davon abgeleiteten aromatischen Verbindungen erreicht (vgl. Abb. 11).

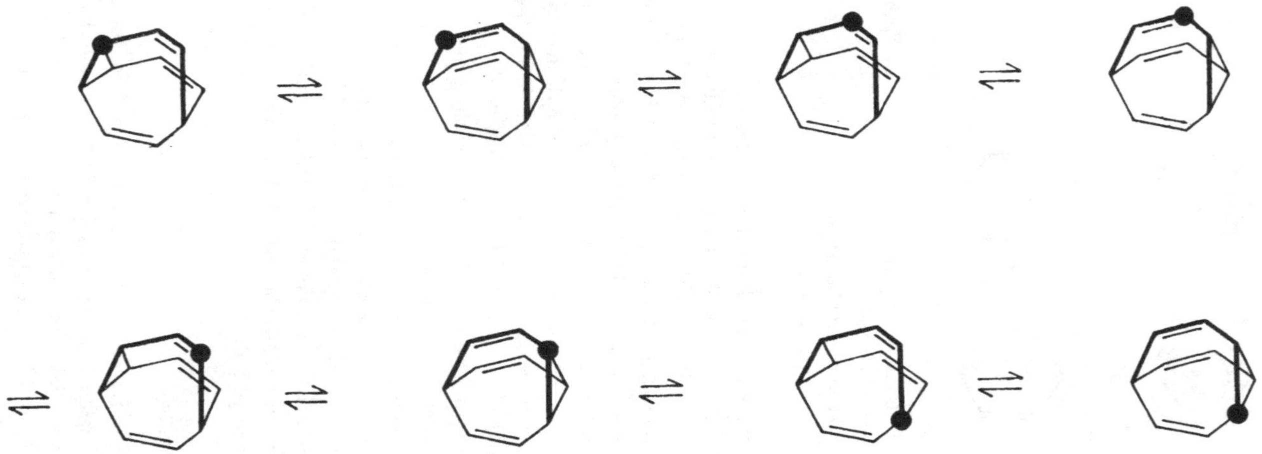

Abb. 10 Valenzisomerie am Bullvalen. Der dicke Punkt symbolisiert ein markiertes Kohlenstoffatom (z. B. ^{13}C)

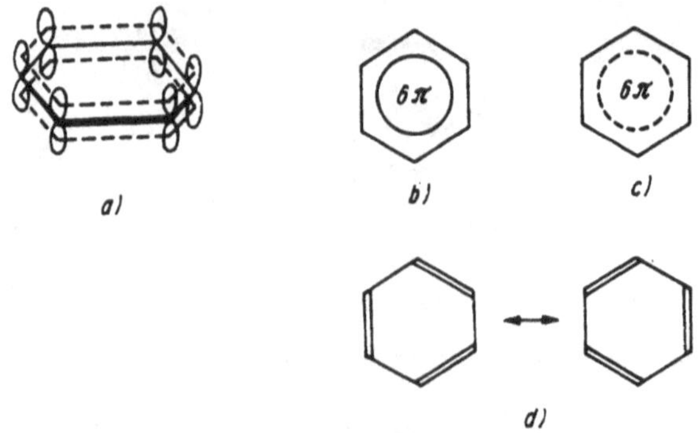

Abb. 11 Bindungszustand im Benzol bzw. allgemein aromatischen Verbindungen
a) Wechselwirkung zwischen den p-Orbitalen
b) c) Formelmäßige Wiedergabe der Verhältnisse unter a
d) Formulierung über Resonanz von Kekulé-Strukturen

Kekulé hat vor über 100 Jahren das Benzol erstmalig als Sechsring mit drei Doppelbindungen formuliert, also gewissermaßen als dreifaches Äthylen. Die chemischen und physikalischen Eigenschaften stimmen aber damit nicht überein. So sollten die C—C-Bindungen abwechselnd 0,154 (Länge der Einfachbindung) und 0,133 nm (Länge der Doppelbindung) lang sein; tatsächlich wird für alle Bindungen einheitlich 0,139 nm gefunden. Man kann sich damit helfen, daß man eine Oszillation zwischen zwei Kekulé-Strukturen, also eine Art besonders schneller Valenz-Isomerie annimmt. Trotz vieler Anstrengungen gibt es keinen Beweis dafür und kann es vielleicht auch infolge der Unschärferelation nicht geben. Aus der wellenmechanischen Untersuchung des Problems ergibt sich, daß ein Qualitätsumschlag erfolgt und ein neuer Bindungs- und Strukturzustand entsteht, eben der aromatische Zustand, der dadurch gekennzeichnet ist, daß die Bindungselektronen vollkommen gleichmäßig über das gesamte System verteilt sind. In Einklang damit ergeben sich veränderte Möglichkeiten und Typen chemischer Reaktionen. Trotzdem muß hier festgestellt werden, daß das seit 100 Jahren bearbeitete Problem des aromatischen Zustandes noch nicht umfassend gelöst ist.

4. Struktur von Übermolekülen

Wir müssen uns nunmehr fragen, ob der Strukturbegriff in der Chemie an den Begriff des Moleküls gebunden ist. Das ist wichtig, weil der Molekülbegriff z. B. für anorganische Salze seinen Sinn verliert. So existiert im Natriumchlorid NaCl, Abbildung 12, keine diskrete Bindung eines bestimmten

Natriumatoms an ein bestimmtes Chloratom, sondern es liegen positiv geladene Natrium-Ionen und negativ geladene Chlorid-Ionen vor, die sich nur unspezifisch gegenseitig anziehen. Es kommt dann lediglich darauf an, wieviele Chlorid-Ionen um das Natrium-Ion in dichtester Packung, das heißt im festen Zustand, Platz haben. Es sind dies 6 bzw. man sagt, das Natrium-Ion hat die Koordinationszahl 6. Es liegt also unabhängig von der physikalischen Natur dieses Assoziationsvorgangs eine AX_6-Struktur vor, d. h. ein Oktaeder. Umgekehrt ist jedes Chlorid-Ion von sechs Natrium-Ionen umgeben, so daß insgesamt die gezeichnete kubische Struktur (ein kubisch-flächenzentriertes Kristallgitter) zustande kommt.

Das Cäsium-Ion ist viel größer als das Natrium-Ion, so daß hier 8 Chlorid-Ionen Platz finden und das ebenfalls kubische (kubisch-raumzentrierte) Gitter des Cäsiumchlorids entsteht. Im Zinksulfid ist die Koordinationszahl des Zink-Ions nur 4, und die Elementarzelle stellt ein verzerrtes Tetraeder dar. Die drei genannten Gittertypen sind für eine große Anzahl anorganischer Verbindungen repräsentativ, unter ihnen Salze, Minerale, Metalle und Legierungen. Die Struktur beruht hier also nicht auf der Struktur der Atome, sondern auf den Pakkungseffekten der in einer Art Übermolekül zusammengeschlossenen Ionen. Es ist interessant, daß die meisten Viren offenbar nach dem gleichen Prinzip der dichtesten Packung strukturiert sind, wobei nahezu kugelförmige Anordnungen (Ikosaeder) als Bauprinzip auftreten.

Aber nicht nur Ionen wirken strukturierend, sondern auch permanente oder temporäre Dipole, Quadrupole usw., die ihrerseits bereits eine Strukturierung der betreffenden Stoffe voraussetzen. Auf diese Weise kommen Nahordnungs-Effekte zustande, die z. B. für den Aufbau von Molekülgittern verantwortlich sind, aber auch für die besonders interessante Tatsache, daß auch makroskopisch unpolare Flüssigkeiten im allgemeinen nicht strukturlos sind, sondern strukturierte Bereiche enthalten können, die sogenannten Cluster. Das ist bei stark polaren Flüssigkeiten noch stärker ausgeprägt. So findet man beim Schmelzen von Eis, daß ein Teil der in Abb. 3 wiedergegebenen typischen „Icean"-Struktur im raschen Austausch mit niedrigeren Assoziaten und Einzelmolekülen bestehenbleibt.

Besonders gut läßt sich diese Erscheinung an bestimmten organischen Substanzen, den sogenannten Flüssigen Kristallen nachweisen, Abb. 13. Diese Verbindungen behalten beim Schmelzen eine ganz ausgesprochene Struktur der Flüssigkeit bei, wie sich z. B. mit Hilfe von polarisiertem Licht oder einer Schlierenoptik sichtbar machen läßt. Man erkennt in der Abbildung ganz klar strukturierte Bereiche. Auf die große Bedeutung der flüssigen Kristalle für die Ziffernanzeige und in Zukunft wahrscheinlich für Fernsehbildschirme, die man wie ein Bild an die Wand hängen kann, sei lediglich hingewiesen. Auch die

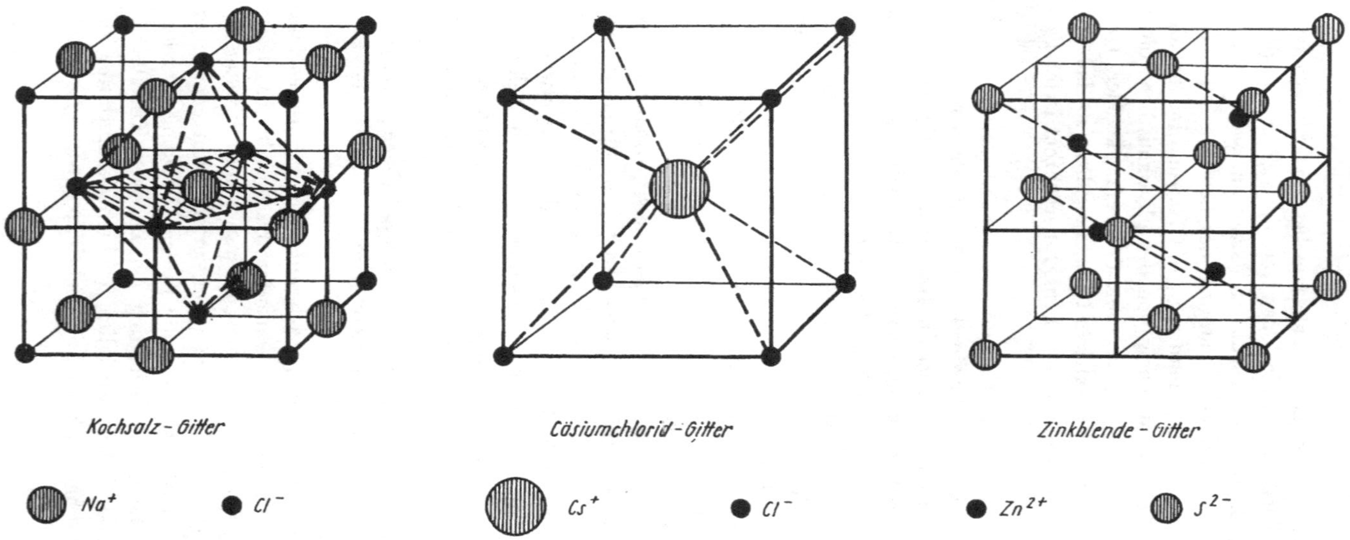

Abb. 12 Struktur anorganischer Ionenkristalle

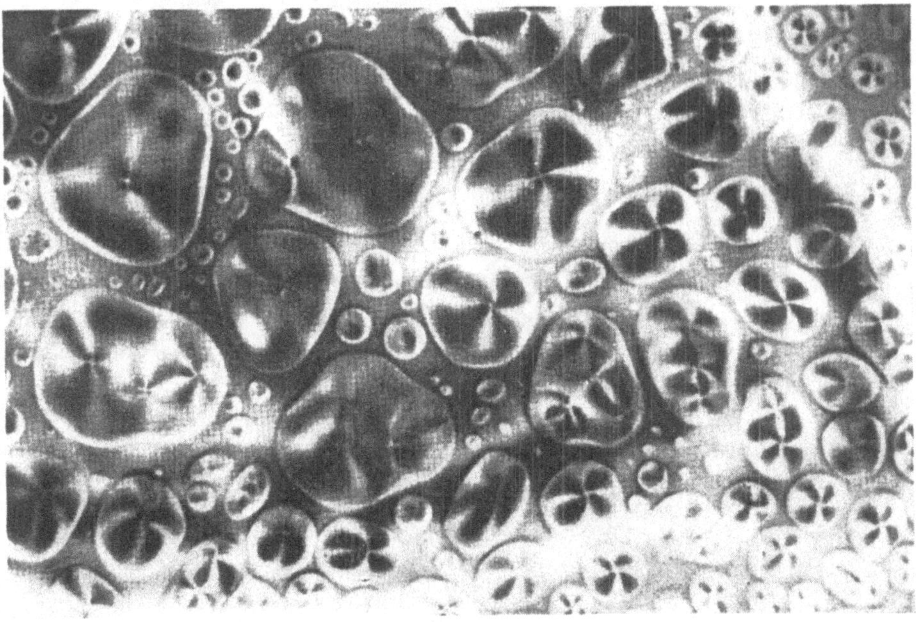

Abb. 13. Strukturierung der Schmelze einer flüssigkristallinen organischen Verbindung („Flüssige Kristalle“)

bereits angewandten Fernseh-Großprojektoren nach dem Eidophor-Prinzip beruhen auf Struktureffekten in dünnen Ölfilmen.

Neben diesen unspezifischen elektrostatischen Wechselwirkungen existieren jedoch auch spezifische Wechselwirkungen, die zu definierten, wenn auch nicht sehr stabilen chemischen Verbindungen führen. Die wichtigste derartige Erscheinung ist die Wasserstoff-Brückenbindung (vgl. Abb. 14).

Sie stellt eine Säure—Base-Beziehung zwischen einem basischen Elektronenpaar, z. B. an Sauerstoff- oder Stickstoffatomen und einer Protonsäure vom Typ des Wassers, der Alkohole, Carbonsäuren oder Carbonsäureamide dar. Auf diese Weise entstehen beim Wasser, das gleichzeitig als Säure und Base fungiert, tetraedrische Aggregate, die bei der Bildung der „Icean“-Struktur eine Rolle spielen. Alkohole lagern sich vorzugsweise zu Kettenaggregaten zusammen. Die Essigsäure bildet wie auch andere Carbonsäuren ein Dimeres, das sogar noch im Dampfzustand existiert. Von besonderer Bedeutung sind die Wasserstoffbrücken-Komplexe bei Säureamiden, zu denen auch die Peptide und Eiweiß zu zählen sind. Beim Eiweiß führt die Wasserstoff-Brückenbindung

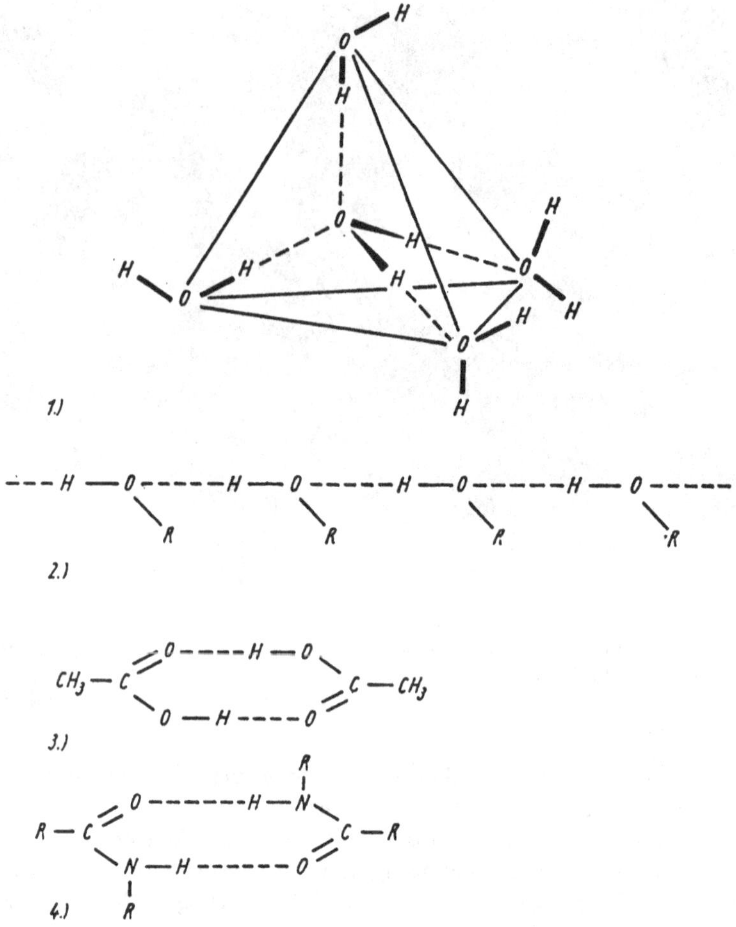

Abb. 14 Wasserstoff-Brückenbindung
1. Wasser
2. Alkohole
3. Essigsäure
4. Peptide

dazu, daß die Kettenmoleküle in eine Helix-Konformation gezwungen werden, Abb. 15, die allerdings beim Erwärmen leicht wieder gelöst wird. Außerdem sind noch andere Wechselwirkungskräfte im Spiel. Das wird als Sekundärstruktur des betreffenden Eiweiß-Moleküls bezeichnet.

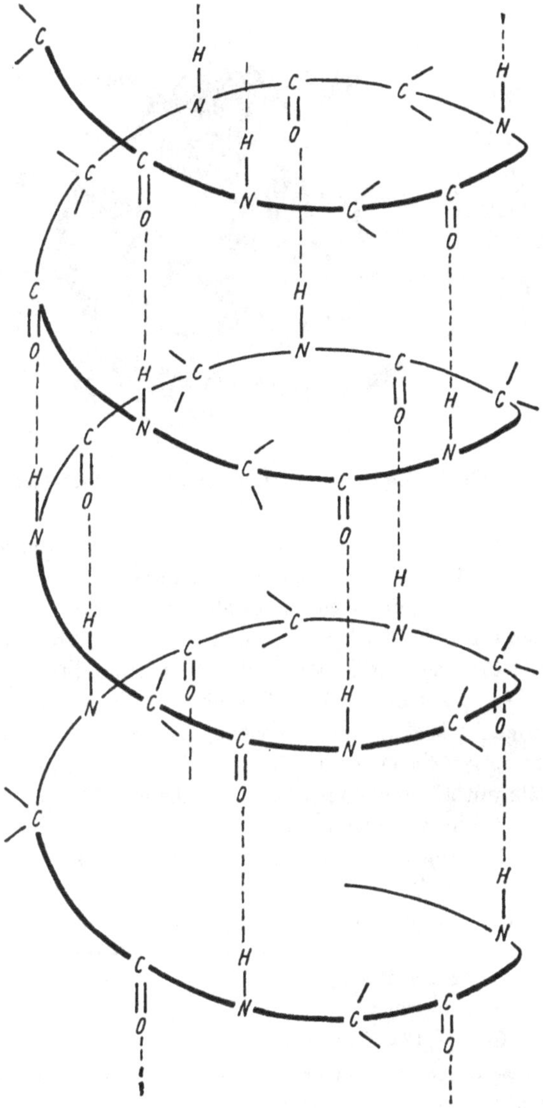

Abb. 15
Helix-Struktur (Sekundärstruktur) von Polypeptiden und Eiweiß

Da aber hierbei noch nicht alle zur Assoziation befähigten Zentren abgesättigt sind, faltet sich das Eiweiß außerdem zu einer Tertiärstruktur, Abb. 16.

Das ist in Abb. 16 am Myoglobin dargestellt. Links wird schematisch gezeigt, wie die Helix der Sekundärstruktur sich zur Tertiärstruktur anordnet.

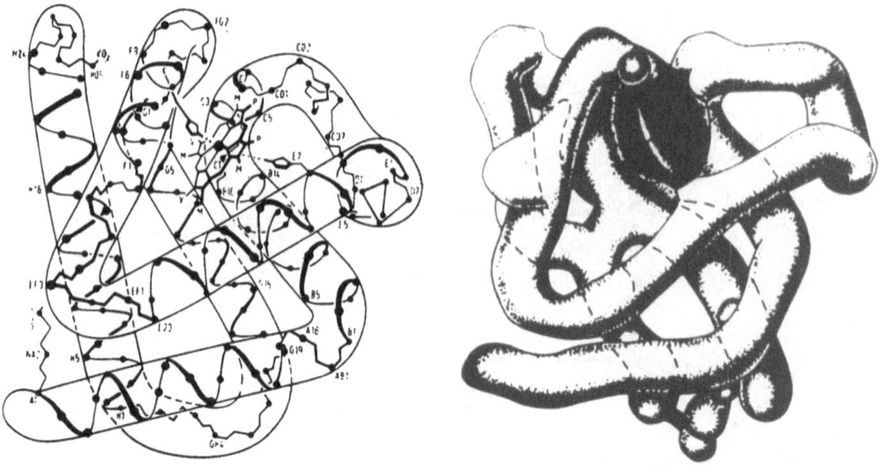

Abb. 16 Tertiärstruktur von Myoglobin (Links ist die Sekundärstruktur eingezeichnet)

Sekundär- und Tertiärstrukturen sind demnach nicht zufällig-statistische Anordnungen, sondern folgen gesetzmäßig aus der Primärstruktur der Peptidkette.

Von spektakulärer Bedeutung sind derartige Assoziationen bei der Übertragung der Erbinformationen mit Hilfe der Desoxyribonucleinsäuren, Abb. 17. Desoxyribonucleinsäuren (Abkürzung DNS) haben die allgemeine Struktur Phosphat — Desoxyribose (Art eines Zuckers) — Phosphat — Desoxyribose und so fort. An dem Zuckerteil ist jeweils eine von vier typischen heterocyclischen Basen, Adenin, Thymin, Cytosin oder Guanin gebunden. Insgesamt liegen hochmolekulare Moleküle mit Molekulargewichten von 10^6 bis 10^9 vor.

Die Desoxyribose-Phosphat-Einheiten bilden eine Helix, aus der seitlich die Nucleinbasen herausragen und in typischer Weise Assoziate über Wasserstoffbrücken-Bindung mit einem zweiten DNS-Strang bilden[2]. Dabei lagert Adenin ganz spezifisch Thymin und Cytosin stets Guanin an, wie dies im Bild darge-

---

Abb. 17 a) Schematische Darstellung der Desoxyribonucleinsäuren (DNS). P symbolisiert eine Phosphorsäureester-Gruppierung

A = Adenin, T = Thymin, C = Cytosin, G = Guanin

b) Die Struktur dieser Nucleinbasen und ihr Zusammenhalt über Wasserstoffbrücken ist unten angegeben; dabei symbolisiert D die Desoxyribosephosphat-Kette

```
   OH
   |
—O—P—O—
   ||
   O
```

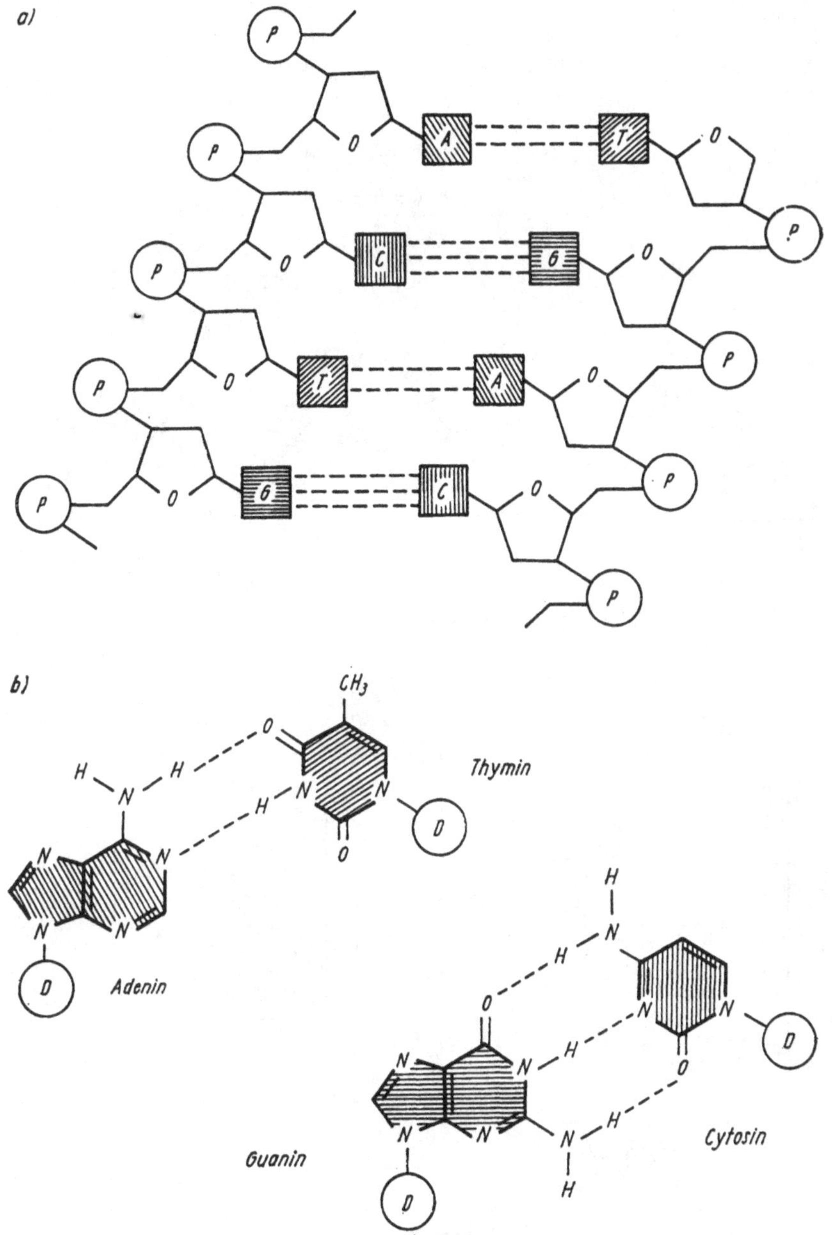

Abb. 17

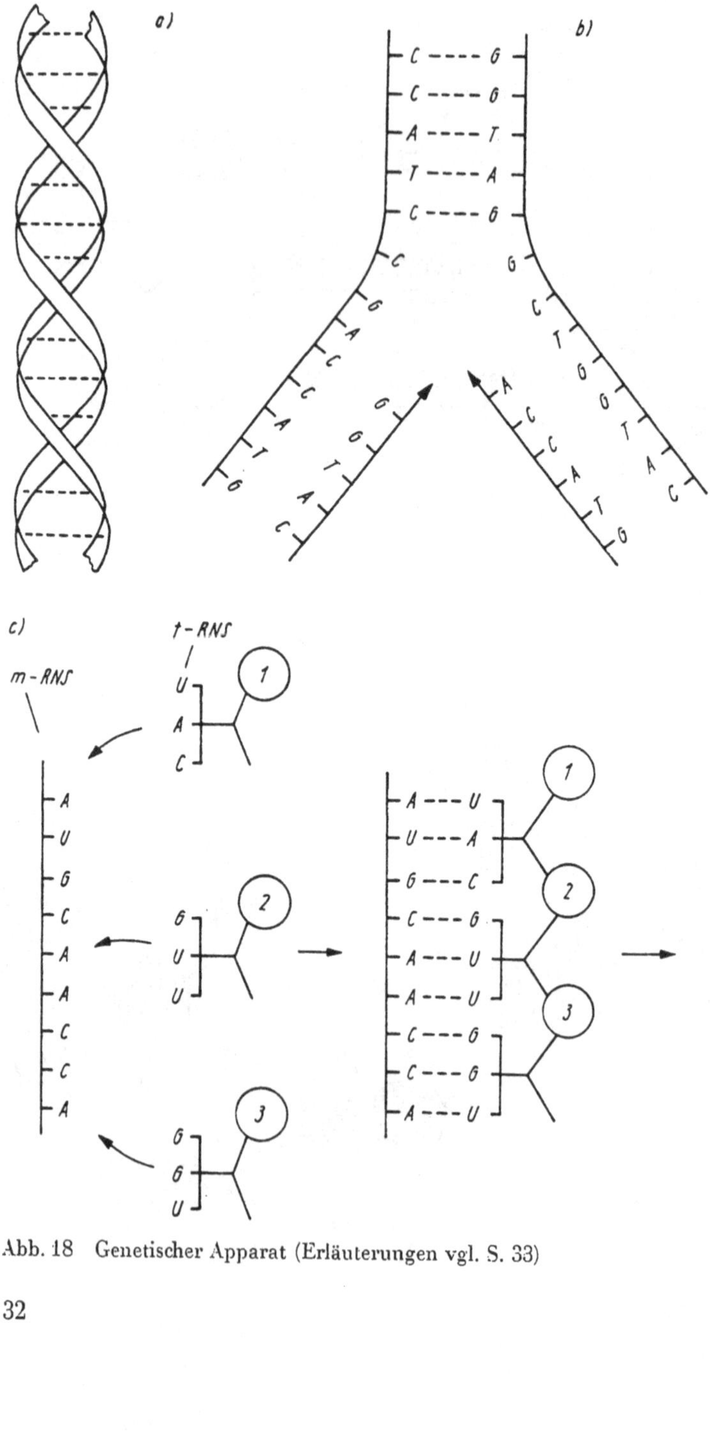

Abb. 18 Genetischer Apparat (Erläuterungen vgl. S. 33)

stellt ist. Auf diese Weise entsteht eine Doppelhelix, in der der zweite Strang gewissermaßen die Negativ-Kopie des ersten ist. Bei der Übertragung der Erbinformation teilen sich die Stränge, und an der Negativ-Matrize wird ein genaues Abbild des Mutterstranges hergestellt, der sich auf diese Weise selbst reproduziert und vervielfacht (vgl. Abb. 18).

In ähnlicher Weise steuert die DNS die Synthese des systemspezifischen Eiweißes, indem nach dem gleichen Mechanismus am Mutterstrang eine Boten-Ribonucleinsäure (Messenger-RNS) hergestellt wird, die ebenfalls eine Negativ-Matrize darstellt. In ihr verschlüsseln jeweils drei benachbarte Basen die Information zur Verknüpfung von bestimmten von insgesamt etwa 20 Aminosäuren, die außerhalb des Zellkerns an den Ribosomen abläuft, was die Boten-Funktion der m-RNS notwendig macht. Die eigentliche Synthese wird von einer Transfer-RNS gesteuert, die die an der m-RNS codierten Informationen Base für Base abliest, die Aminosäuren heranführt und zu Peptid-Ketten kondensiert. Auf diese Weise erweist sich die Strukturierung von übermolekularen Bereichen als fundamental wichtig für die Entstehung des Lebens.

Die dieser Stufe vorangehende Stufe der Selbstorganisation einfacher Moleküle ist allerdings weniger klar und zur Zeit Gegenstand angestrengter Forschung.

5. Struktur als invarianter Aspekt chemischer Systeme

Wir haben eingangs postuliert, daß chemische Reaktionen nur deshalb typische Realisierungen von verschiedenen Möglichkeiten und nicht rein zufällige Ergebnisse bringen, weil Atome und chemische Verbindungen strukturiert sind. Danach sollte die Struktur als invarianter Aspekt des Systems noch weiter abstrahiert und zur Basis von Metatheorien gemacht werden können. Man kann eine Transformation der chemischen Koordinaten vornehmen und postulieren, daß eine bestimmte Struktur im Sinne des invarianten Aspekts unter den Bedingungen b analoge Ergebnisse bringen muß wie unter den Be-

---

zu Abb. 18

a) DNS-Doppelhelix (schematisch; die gestrichelten Linien symbolisieren die Wasserstoffbrückenbindungen zwischen komplementären Nucleinbasen analog Abb. 17)
b) Vervielfältigung (Replikation) eines DNS-Stranges
c) Synthese des systemspezifischen Eiweißes durch die analog b) hergestellte Messenger-Ribonucleinsäure (m-RNS). Die Transfer-Ribonucleinsäure (t-RNS) führt die Aminosäuren (1,2,3) heran und fügt sie entsprechend dem Dreier-Code zusammen. Die abschließende Spaltung liefert m-RNS und t-RNS zurück und setzt das gebildete Protein-Molekül frei. In der m-RNS ist die Nucleinbase Thymin durch Uracil (U) ersetzt

dingungen a. Damit ist ein äußerst wichtiges und fruchtbares Arbeitsprinzip der Chemiker formuliert, nämlich das der Analogie. Das riesige und bisher nicht strikt mathematisierbare Material der Chemie ist überhaupt nur durch Analogie-Beziehungen überschaubar geworden.

Das bekannteste derartige Analogieprinzip ist das Periodensystem der chemischen Elemente, bei der die über 100 bekannten chemischen Elemente in nur acht Gruppen angeordnet werden können, deren jede ein bestimmtes Ensemble von Eigenschaften und Reaktionsweisen repräsentiert. Es ist eine grundlegend wichtige Frage zu stellen: Übt ein bestimmter Substituent X in verschiedenen Verbindungen immer die prinzipiell gleiche Wirkung auf ein Reaktionszentrum aus oder ist seine Wirkung zufällig oder auf den Einzelfall beschränkt? Gibt es also eine gesetzmäßige Struktur-Reaktivitäts-Beziehung? Das ist in der Tat der Fall. So haben Substituenten einen gesetzmäßigen Einfluß z. B. auf die Dissoziation von Benzosäuren. Man kann eine Analogiebeziehung quantitativ formulieren, die besagt, daß die Geschwindigkeit oder Gleichgewichtslage K_x der Reaktion einer für den betreffenden Substituenten typischen Substituentenkonstanten σ proportional ist: $\lg k_x = \varrho\sigma + \lg k_H$. Der Suszeptibilitätsfaktor ϱ ist anderseits typisch für den Reaktionstyp und die Reaktionsbedingungen. Die an den Benzosäuren gefundenen Konstanten können auf sehr viele andere Systeme übertragen werden, und durch derartige sogenannte Freie-Energie-Beziehungen sind heute zehntausende Reaktionen in der organischen Chemie zu erfassen.

Es ist völlig klar, daß hier der stoffliche Einzelfall verlassen und das Problem Struktur-Reaktivität auf einer Meta-Ebene der System-Invarianz behandelt wird.

Diese empirisch gefundenen Beziehungen sind zwar ermutigend für unsere Frage der Invarianz, aber doch ein wenig zu praktizistisch und zu wenig theoretisch relevant. Wir müssen uns vielmehr nach dem allgemeinsten Strukturaspekt fragen.

Nach WIGNER spielen in allen Naturwissenschaften die folgenden Kategorien eine fundamentale Rolle:

- Ereignisse
- Gesetze, die auf der Basis von Ereignissen formuliert werden
- Symmetrieprinzipien, die ihrerseits die allgemeinste Widerspiegelung der Naturgesetze darstellen.

Er postuliert, daß Naturgesetze am wirksamsten auf ihre allgemeine Gültigkeit geprüft werden können, indem man sie Symmetriekriterien unterwirft und feststellt, ob Invarianz bezüglich euklidischer Transformationen (bezüglich der Ortskoordinaten), bezüglich der Zeit und bezüglich der Relativität existiert. Wenn das der Fall ist, muß das postulierte Gesetz richtig sein.

Die Strukturmodelle für Einzelmoleküle halten einer derartigen Prüfung stand und sind deshalb zuverlässige Abbilder der Realität; nach allgemeinen Gesetzmäßigkeiten über Symmetrie-Möglichkeiten müssen Verbindungen, in denen ein Zentralatom, z. B. ein Kohlenstoffatom mit vier verschiedenen Substituenten verbunden ist, in zwei Formen existieren, die sich lediglich in der Symmetrie unterscheiden und wie Bild und Spiegelbild verhalten. Wie in Abbildung 19 gezeigt ist, können die beiden Tetraeder unter keinen Umständen miteinander zur Deckung gebracht werden. Tatsächlich werden derartige Isomere, sogenannte optische Isomere in allen diskutierten Strukturklassen von Einzelmolekülen gefunden. Die beiden Formen haben exakt die gleiche Energie und unterscheiden sich nur durch die Symmetrie. Das kann z. B. mit linear polarisiertem Licht untersucht werden, dessen Ebene durch die eine Form nach rechts, durch die andere um den gleichen Betrag nach links gedreht wird. Voraussetzung ist lediglich, daß die Spiegelbild-Isomeren hinreichende Lebensdauern haben. Bei den gesättigten Kohlenstoffverbindungen ist die Lebensdauer der optischen Antipioden etwa 10^9 Jahre, bei Abkömmlingen des pyramidal gebauten Ammoniaks dagegen sehr klein, so daß optische Isomere hier nur in Sonderfällen nachweisbar waren. Die beiden weiteren Beispiele der tetragonalplanaren Platin- und der oktaedrischen Cobaltverbindungen sind ohne weitere Erläuterungen verständlich. Die Zahl der bekannten Spiegelbild-Isomerien ist viel größer als im Bild dargestellt.

Ebenso wie in den weiter oben diskutierten Übermolekülen der Begriff „Struktur" anwendbar war, muß dies auch für Beziehungen von Einzelmolekülen zueinander gelten, das heißt also für die chemische Reaktion. Man weiß schon lange, daß in den wellenmechanischen Ansätzen ganz klare Symmetriebedingungen auftreten, wie z. B. das oben erwähnte Pauli-Prinzip oder ganz allgemein, daß zwischen Wellenfunktionen unterschiedlicher Symmetrie keine Wechselwirkungen möglich sind und demzufolge die dadurch repräsentierten stofflichen Systeme nicht miteinander reagieren können. Derartige Fragen sind in den letzten zehn Jahren experimentell intensiver untersucht worden. So läßt sich erklären, warum manche Reaktionen nur bei thermischer, aber nicht bei photochemischer Anregung ablaufen und umgekehrt. In Abb. 20 ist dargestellt, in welcher Weise die Symmetrie der Wellenfunktionen des Benzols (linke Seite) mit der Symmetrie der Wellenfunktionen des Prismans (rechts) zusammenhängt. Es ist für unseren Zweck nicht nötig, das abgebildete Korrelationsdiagramm im einzelnen zu erläutern. Man kann ihm entnehmen, daß der stabile Grundzustand des Prismans, speziell die Wellenfunktion σ_3 nur über den photoangeregten Zustand des Benzols π_5^* erreicht werden kann und umgekehrt die Wellenfunktion π_2 des Benzols nur über den photoangeregten Zustand σ_4^* des Prismans. Die Reaktion ist deshalb photochemisch möglich,

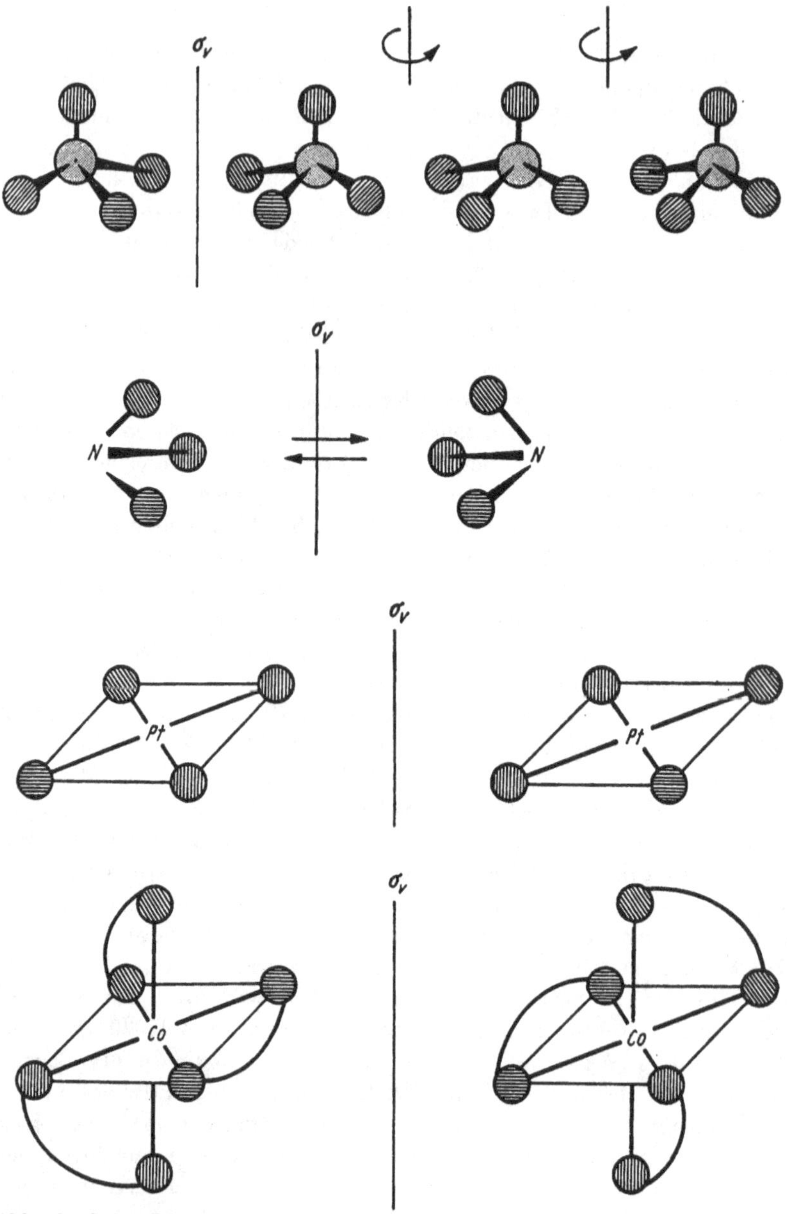

Abb. 19 Spiegelbildisomerie. σ_v symbolisiert eine senkrechte Symmetrie-Ebene (N schwingt leicht durch). Die unterschiedliche Schraffur symbolisiert die jeweils verschiedenen Substituenten

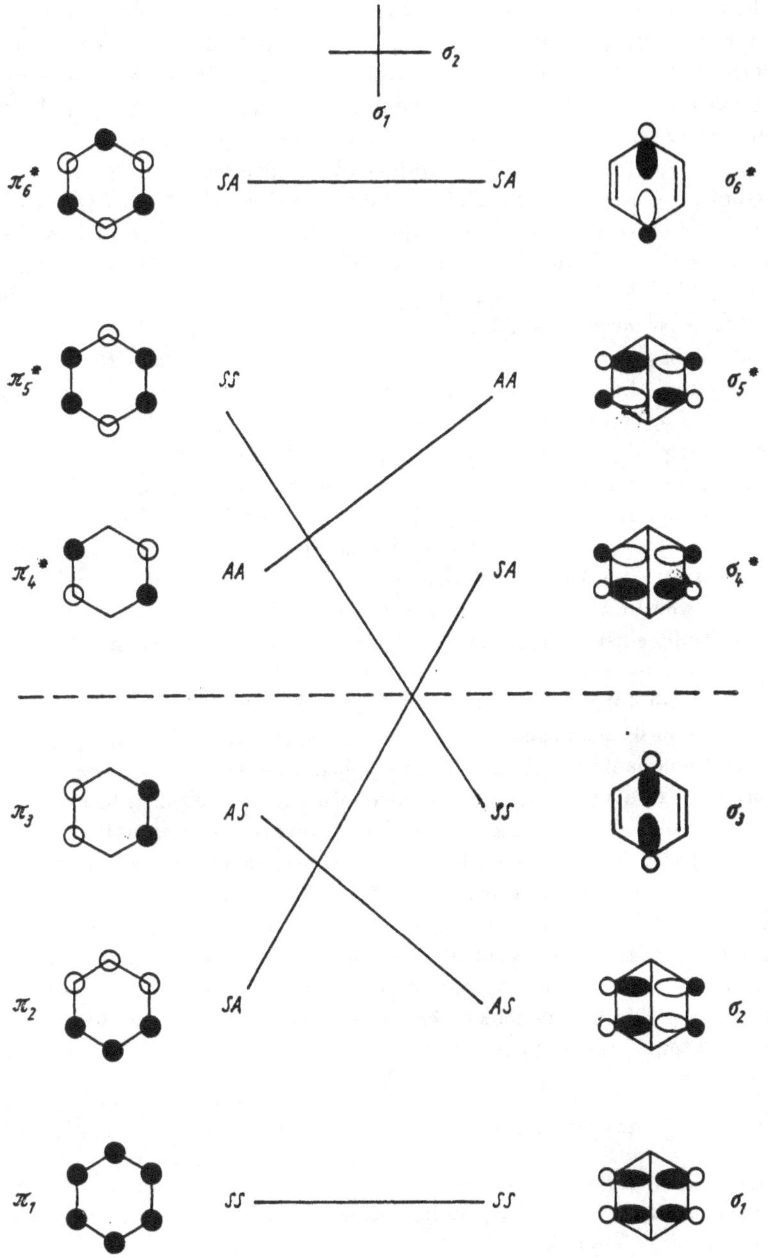

Abb. 20 (Bildunterschrift steht auf S. 38)

aber thermisch verboten. Durch die Symmetriebedingungen werden also klare Ja-Nein-Entscheidungen diktiert. Man muß sich fragen, ob nicht auch bei der Selbstorganisation der Materie beim Evolutionsprozeß derartige Symmetriebedingungen bzw. -Verbote als Auswahlkriterium eine Rolle spielen, durch die unter energiegleichen Reaktionen eine bestimmte ausgewählt wird.

Die Kette von Begriffen – Konstitution als Reihenfolge der Verknüpfung von Atomen – chemische Struktur – invarianter Aspekte der chemischen Struktur – Symmetrie – führt uns zu den allgemeinsten logischen und mathematischen Strukturen, wie sie besonders ausgeprägt von dem Bourbaki-Kreis französischer Mathematiker untersucht und von Ruch und Ugi und anderen auf die Chemie angewandt werden.

Danach stellt die allgemeine Mengenlehre eine geeignete Basis für die Beschreibung der chemischen Struktur und der damit zusammenhängenden Phänomene dar. Nach G. Cantor versteht man unter einer Menge jede Zusammenfassung M von bestimmten wohlunterschiedenen Objekten unserer Anschauung oder unseres Denkens zu einem Ganzen. Diese Definition ist der oben für die chemische Struktur gegebenen sehr ähnlich. Tatsächlich wird auch in der Mathematik einer Menge meistens eine Struktur aufgeprägt. In diesem Sinne entspricht eine Menge von Nachbarschaftsbeziehungen dem Begriff der chemischen Konstitution. Die Verknüpfung einer Menge mit einer Topologie – das heißt einer räumlichen Nachbarschaftsbeziehung – entspricht dem Begriff der chemischen Struktur im Sinne von „Architektonik“. Schließlich erlaubt die Verknüpfung einer Menge mit dem Begriff der Gruppe, Äquivalenz- und Permutationsbeziehungen herzustellen, denen in der Chemie das Gesamtgebiet der Isomerien äquivalent ist. Die topologischen Verhältnisse, die besonders gut mit Hilfe von Graphen und den Mitteln der Graphentheorie darstellbar sind, und die Äquivalenz- und Permutationsbeziehungen lassen sich mit dem Apparat der Matrizenrechnung algebraisch behandeln. Mit Hilfe der genannten logisch-mathematischen Strukturen wird es vielleicht möglich werden, Deskriptoren, das heißt eindeutige Struktur- und Erkennungsmerkmale für die bisher bekannten etwa 5 Millionen chemischer Verbindungen zu schaffen und durch ihre Verknüpfung mit geeigneten Reaktivitätskriterien als einer Art Operatoren das Gesamtgebiet der Chemie einschließlich der chemischen Reaktionen computergerecht darzustellen.

Abb. 20 Orbitalsymmetrie-Diagramm für die Umwandlung von Benzol in Prisman. Als Symmetrie-Elemente dienen die beiden Symmetrie-Ebenen σ_v und σ_h.
A = antisymmetrisch, S = symmetrisch.
Die gestrichelte waagerechte Linie gibt die Grenze zwischen dem Grundzustand von den photoangeregten Zuständen an

Fortschritte in dieser Richtung sind dringend erwünscht.

Selbstverständlich kann keine Rede davon sein, die Chemie aus der Mathematik ableiten zu wollen, das ist nach den Grundgesetzen der Dialektik nicht möglich. Andererseits sind aber die fundamentalen logischen und mathematischen Strukturen in der Chemie enthalten und dort gültig und müssen zum tieferen Verständnis und zur besseren Bewältigung der Probleme herangezogen werden.

Es entsteht auf diese Weise ein faszinierendes Bild einer sich in verschiedenen Wissenschaftsgebieten wiederfindenden fundamentalen geistigen und stofflichen Strukturierung. Das weckt Assoziationen an Hermann Hesses Glasperlenspiel, wo eine geistige Elite danach trachtet, tiefste Beziehungen etwa zwischen einer mathematischen Formel, einer Beethoven-Symphonie, einem chinesischen Schriftzeichen und einem naturwissenschaftlichen Sachverhalt aufzuspüren.

Im Gegensatz zur Welt des Glasperlenspiels leben wir aber nicht in einer kastalischen Provinz, sondern sind unserer Gesellschaft und ihren Zielen voll verhaftet. Und so erhält der Begriff „Chemische Struktur" erst seinen vollen Inhalt, wenn es auf diese Weise gelingt, Stoffe besser, gezielter und rationeller herzustellen und eine Einheit von wissenschaftlicher Bedeutung und volkswirtschaftlicher Relevanz zu schaffen.

Anmerkungen

1. Der Zusammenhang zwischen der Struktur von tetraedischen Molekülen und der Hybridisierung beruht auf zwei Postulaten:
   1. Die Wellenfunktionen der Valenzelektronen des Zentralatoms stehen senkrecht aufeinander.
   2. Die Außenatome lagern sich in den Richtungen der maximalen Überlappung an.

   Van Vleck hat gezeigt, daß sich 1. und 2. nicht gleichzeitig erfüllen lassen, wenn man kleine Änderungen aus der tetraedrischen Gleichgewichtslage diskutiert.
2. Es muß allerdings festgestellt werden, daß der Energiegewinn bei der Bildung eines Basenpaares zu niedrig ist, um die hohe Spezifität der Systeme zu erklären. In diesen hochmolekularen Verbindungen können jedoch mehrere Basenpaare kooperativ wirken (im allgemeinen genügen hierzu bereits 2—3 Basenpaare), wodurch einerseits ein Optimum an Spezifität und andererseits an Mobilität (die für die Erkennungsgeschwindigkeit wichtig ist) erreicht wird. Dieses offenbar allgemeine Naturprinzip der Kopplung von hoher Spezifität mit hoher dynamischer Mobilität funktioniert bei niedrigmolekularen Verbindungen nicht, sondern ist eine neue Struktureigenschaft, die in hochmolekularen Verbindungen auftritt.

Günter Vojta

Dynamische Aspekte des Strukturbegriffs in der Chemie

Im Vortrag wurde der Strukturbegriff in der Chemie aus der Sicht des Chemikers vor allem unter statischen Gesichtspunkten, d. h. insbesondere im Hinblick auf die Architektonik der Moleküle, in einer sehr umfassenden und klaren Darstellung erörtert. Auch über die Dynamik chemischer Strukturen sprach der Vortragende bereits, als er unter dem Stichwort „Relativierung des Strukturbegriffs" auf Struktur- und Valenzisomerisierung sowie auf fluktuierende Strukturen einging. Ich möchte die dynamischen Aspekte des Strukturbegriffs, die insgesamt für die Chemie und die Physik von größter Wichtigkeit sind, noch etwas näher betrachten, und zwar unter den folgenden beiden Gesichtspunkten:

1. Chemische Strukturen sind nicht starr, sondern weisen eine eigene innere Dynamik auf, die etwa durch die Bewegung der Elektronen im Molekül oder durch die Schwingungen der einzelnen Atome um ihre Ruhelagen ausgewiesen wird.

2. Änderungen chemischer Strukturen von einfachen Isomerisierungen oder Dissoziationen bis zu Reaktionen zwischen verschiedenen Molekülen — diese Strukturänderungen machen ja den Forschungsgegenstand der Chemie aus — sind komplizierte Vorgänge, die meist über ganze Ketten von physikalischen Elementarprozessen mit Beteiligung aller intramolekularen Freiheitsgrade ablaufen.

Die Eigendynamik der Moleküle wird heute auf der Grundlage der Quantenmechanik schon recht gut verstanden. Das gilt besonders für die verschiedenen Bewegungsformen der Atome innerhalb eines isolierten Moleküls, z. B. für Atomschwingungen, für gehemmte Rotationen von Atomgruppen, die zu Rotationsisomeren, zum Konzept der Taktizität bei Polymerenmolekülen und zum Problem der Helix-Knäuel-Umwandlungen etwa bei Biopolymeren führen, oder auch für die quantenmechanische Tunnelbewegung von Protonen in Wasserstoffbrückenbindungen, die z. B. bei Punktmutationen in biologischen Systemen eine Rolle zu spielen scheint. Auch das Verhalten der Spins, d. h. der Eigendrehimpulse, von Elektronen und Atomkernen übersieht man gut.

Die vielfältigen intramolekularen Bewegungsformen ermöglichen mit modernen molekülphysikalischen Methoden eine immer genauere Untersuchung auch feinster Details der Struktur und des Verhaltens von Molekülen. Zu diesen Methoden zählen, um die wichtigsten zu nennen, die klassische Infrarot- und Raman-Spektroskopie und die Laser-Spektroskopie als moderne Version, die Elektronenspinresonanz, die Kernspinresonanz sowie Doppel- (und Dreifach-) Resonanzmethoden, die Mößbauer-Spektroskopie, die Elektronenbeugung, die Neutronenstreuung und natürlich die Röntgenstreuung, weiter die Massenspektrometrie und etwa die Photoelektronenspektroskopie. Die meisten dieser Methoden sind auch in breiter Front in die chemischen Laboratorien eingedrungen und haben etwa in den letzten zwanzig Jahren geradezu eine Revolution in der chemischen Analytik, d. h. der Kunst der Identifizierung von Substanzen, hervorgerufen.

Die Änderungen chemischer Strukturen — d. h. chemische Reaktionen im weitesten Sinne — sind, wie schon erwähnt, ein kompliziertes Kapitel. Vom Standpunkt der Theorie hat man dabei zwei Problemkreise zu unterscheiden, nämlich

a) die Quantenmechanik der einzelnen physikalischen Elementarprozesse, zu denen z. B. die Stoßdynamik zweier strukturierter Teilchen und der Energietransfer zwischen intramolekularen Freiheitsgraden gehören, mit dem Endziel der Berechnung von Wirkungsquerschnitten für alle jeweils interessierenden Prozesse,

b) das Zusammenwirken aller Elementarprozesse in einer Gesamtheit aus vielen Teilchen, d. h. die Statistik der chemischen Reaktion.

Der erste Problemkreis ist das Gebiet, das man dynamische Quantenchemie (und dynamische Stereochemie) nennen kann. Es geht dabei um die eigentliche Dynamik in einem chemischen System, d. h. um den zeitlichen Ablauf aller Prozesse, und nicht nur um die Statik oder Architektonik der chemischen Strukturen, im Gegensatz zur konventionellen Quantenchemie, in der meist nur der Grundzustand eines Moleküls betrachtet wird. Die dynamische Quantenchemie steht heute noch in den Anfängen, wenn auch für kleine oder einfache Moleküle in einer riesigen Zahl von theoretischen Arbeiten bereits recht gute Resultate erzielt worden sind.

Der zweite Problemkreis ist in die statistische Theorie irreversibler Prozesse einzuordnen; zu ihr gehört auch die Theorie der Transport- und Relaxationsprozesse. Eine chemische Reaktion etwa in flüssiger Phase besteht ja in einem verwickelten Zusammenspiel von inter- und intramolekularen Relaxationsprozessen sowie Transportprozessen, und man übersieht den Ablauf einer solchen Reaktion oft nur unvollkommen.

Die statistische Theorie chemischer Reaktionen stellt daher wie die Statistik irreversibler Prozesse insgesamt heute eine Hauptfront der theoretischen Forschung dar. Zahlreiche fundamentale und spezielle Probleme harren noch ihrer Lösung. Das betrifft z. B. auch die Fixierung der heute wieder umstrittenen Gültigkeitsgrenzen der berühmten Woodward-Hoffmann-Regeln für die Erhaltung der Orbitalsymmetrie bei bestimmten Klassen organisch-chemischer Reaktionen; dieses Problem ist sowohl von der Quantenchemie wie der Statistik chemischer Reaktionen her zu untersuchen. Auch einfachste chemische Reaktionen, sogenannte unimolekulare Reaktionen, bei denen ein einzelnes Molekül sich ändert oder zerfällt — dazu gehören die erwähnten Struktur-Isomerisierungen —, laufen über einen komplizierten Mechanismus von Elementarprozessen ab, der im allgemeinen mit einer Aktivierung durch Energieübertragung z. B. durch unelastische Stöße oder durch Lichtabsorption einsetzt. Eine künftige umfassende Theorie der Geschwindigkeit unimolekularer Reaktionen müßte folgende drei Teile enthalten:

1. Vollständige Analyse des Gesamtmechanismus, d. h. aller beteiligten Elementarprozesse.
2. Berechnung der Änderungen der Molekülzustände während des Reaktionsablaufs.
3. Berechnung der Reaktionsflüsse von den Ausgangszuständen zu den Endzuständen des betreffenden Moleküls in Abhängigkeit von Temperatur, Druck, äußeren Feldern u. a.

Man kann erwarten, daß in den nächsten Jahren durch den verstärkten Einsatz moderner experimenteller und theoretischer Methoden wichtige Fortschritte bei der Erforschung der Dynamik chemischer Reaktionen und molekularer Prozesse überhaupt erzielt werden, Fortschritte, die für die weitere theoretische Fundierung der Chemie einschließlich der chemischen Technologie so dringend nötig sind.

Robert Rompe

Diskussionsbeitrag

Die interessanten Ausführungen von H. Becker veranlassen mich zu einigen Bemerkungen:

- Die Ausführungen zeigten m. E. überzeugend den Charakter der Chemie als fundamentaler Naturwissenschaft mit echten „C-Problemen" (Probleme, die gegenwärtig nicht auf tieferliegende Erkenntnisse reduziert werden können).
- Im mikroskopischen, atomar-molekularen Niveau sind Physik und Chemie *eine* Wissenschaft, die Unterschiede zeigen sich hinsichtlich Fragestellungen und Methoden erst bei größeren Aggregaten aus Atomen bzw. Molekülen. Auch in der Thermodynamik verschmelzen beide Disziplinen.
- Die Geschichte der Beziehungen von Physik und Chemie in den letzten 100 Jahren zeigt eine permanente gegenseitige Befruchtung und Förderung, soweit es sich um die atomaren-molekularen Eigenschaften und Verhaltensweisen handelt. Zweifellos hat die Boltzmannsche kinetische Gastheorie und ihre konsequente Atomistik der Chemie weitergeholfen und andererseits die Lehre von den chemischen Valenzen und das periodische System zur Umgestaltung der Quantenphysik entscheidend beigetragen. Durch diesen gemeinsamen physikalisch-chemischen Erkenntnisfundus wurde die moderne Physik der Quantenvorgänge und die Quantenchemie geschaffen, die in allen naturwissenschaftlichen Disziplinen mit beispiellosem Erfolg Fortschritte zeitigen. Diese damalige Einheit von Physik und Chemie wird durch Namen wie W. Ostwald, W. Nernst, E. Warburg, H. Tammann, Pauling, Semjonow, gekennzeichnet.
- Bedeutungsvoll ist sicher die Reihe: Atom — Molekül — Struktur, wobei die Bezeichnung „Struktur" sehr heterogene Dinge umfassen kann. Eine ganze „Hierarchie von Strukturen".
- Wie Atome und Moleküle nur in bestimmten Parameterbereichen als neutrales Atom bzw. nicht-dissoziiertes Molekül existieren, so gibt es für Strukturen Existenzbereiche, die offenbar um so schmaler werden, um so komplizierter

und zugleich beständiger die Strukturen sind. Die das Leben tragenden chemischen Strukturen existieren nur in einem sehr schmalen Parameterbereich.

– Die entsprechend dem Vortrag die Chemie interessierenden Strukturen existieren sicher nicht z. B. bei höchsten Drücken oder Temperaturen — dafür treten offenbar dynamische Strukturen anderer Art auf, wie sie von der Plasmaphysik untersucht werden.
– Die Beziehungen von Struktur und makroskopischen Eigenschaften verdienen zweifellos intensive Bearbeitung. Es ist bedauerlich, daß die tiefen Gedanken von V. M. Goldschmidt und seiner Schüler, z. B. E. Friedrich, die durch H. Jensen an die Quantenmechanik angeschlossen worden sind, keine Fortsetzung erfahren haben.
  Allein schon die Aufstellung der Friedrichschen Regel über das komplementäre Verhalten von Härte eines Stoffes und seiner metallischen (elektronischen) Leitfähigkeit zeigte die Leistungsfähigkeit dieser Überlegungen.
– Was die Nutzung der Mathematik in der Chemie anbelangt, so sei auf die oben dargelegte Einheit von Physik und Chemie auf atomar-molekularem Niveau hingewiesen. Der Umfang der Nutzung der Mathematik, der abgesteckt worden ist, kann als beträchtlich angesehen werden. Auf Grund der dort gewonnenen Erfahrung kann übersehen werden, was von einem verstärkten Einsatz an Mathematik erwartet werden kann. Die Kristallographie, ein Teil der Physik, bedient sich seit altersher mit bestem Erfolg zu systematischen Zwecken mathematischer Vorstellungen und Methoden. Trotzdem kann sie kaum Auskunft geben über die Eigenschaften von Realkristallen, die wesentlich von der Fehlordnung, d. h. von den Abweichungen von mathematisch beherrschtem Verhalten, abhängen.

Karlheinz Lohs

Diskussionsbeitrag

Als Chemiker und Toxikologen werden wir immer wieder mit der Frage nach den Beziehungen zwischen *chemischer Struktur* und *biologischer Wirkung* konfrontiert. Tatsächlich hat man noch vor zwei bis drei Jahrzehnten mit sehr viel Phantasie — aber leider zu wenigen verläßlichen Fakten — derartige Struktur-Wirkungs-Beziehungen aufgestellt und oftmals sehr weitreichende Verallgemeinerungen daraus abgeleitet. Inzwischen ist deutlich geworden, daß in den wenigen Fällen, wo in engen Grenzen solche Beziehungen bestehen, jegliche Verallgemeinerungen unangebracht und oftmals sogar irreführend sind. Aus gutem Grund hat sich deshalb die chemische Toxikologie heute auf die Problematik der Struktur-Reaktivitäts-Beziehungen „zurückgezogen".

Es gibt keine chemische Struktur, der a priori eine biologische Aktivität abgesprochen werden kann. Betrachtet man nicht nur die akuten Wirkungen, die sich oftmals in drastischen Vergiftungsbildern darstellen, sondern zieht auch die Spätschadeneffekte sowie die chronischen Wirkungen mit in die Betrachtungen ein, so ist ggf. die Blausäure ebenso ein tödliches Gift wie das Siliziumdioxid, der Asbest oder die Bleioxide. Hinsichtlich der biologischen Wirkungen kann die chemische Struktur nur im Zusammenhang mit der Bindung an das biologische Substrat „verstanden" werden. Hierbei wissen wir derzeit noch viel zu wenig über die Strukturierungseffekte biologischer Substrate und deren Dynamik. Diese Dynamik ist weit von der Statik unserer derzeitigen Strukturvorstellungen entfernt. Die zwar zunächst hilfreichen, aber doch zu vereinfachten „Schlüssel-Schloß-Vorstellungen", die — mit faszinierenden Einzelbeispielen von Pharmakaeffekten belegbar — in Beziehungen zu Enzymstrukturen gesetzt wurden, können nicht darüber hinwegtäuschen, daß die tatsächlichen mikrophysikalischen Bindungsverhältnisse und die daraus folgenden strukturellen Besonderheiten noch weitgehend im Dunkel liegen. Anscheinend fehlt uns vorerst nicht nur der methodische, sondern auch der gedankliche Zugang zu den realen Bedingungen des Reaktionsgeschehens in vivo, um die Gültigkeit des chemischen Strukturbegriffs aus einer rationalen Erklärung der biologischen Wirkungen ableiten zu können.

Burkart Philipp

Diskussionsbeitrag

Drei Bemerkungen aus der Sicht der Polymerforschung sollen das im Vortrag Gesagte unterstreichen und ergänzen:

1. Zunächst sei nochmals betont, daß gerade auf dem Gebiet der organischen Hochpolymeren der Strukturbegriff weit über den Molekülbegriff hinausgeht, indem beispielsweise bei Polymernetzwerken, etwa in vulkanisierten Elastomeren, der Molekülbegriff seinen Sinn verliert, obwohl eine wohldefinierte Netzwerkarchitektur, d. h. eine analytisch durch Kombination entsprechender Methoden erfaßbare chemische Struktur vorliegt. Erwähnt sei in diesem Zusammenhang auch, daß man bei organischen Polymeren relativ schnell an Grenzen des Strukturbegriffs stößt, sowohl wenn man die Vielzahl möglicher und unterschiedlicher chemischer Störstellen in einem einzelnen Makromolekül, z. B. des als Textilhilfsmittel bekannten Polyvinylalkohols in Betracht zieht, als auch, wenn man die vom Vortragenden mit den Begriffen Primär-, Sekundär-, Tertiär- und Quartärstruktur angedeutete Hierarchie der Strukturebenen diskutiert und sich hierbei die Frage stellt, wieweit dann in solche Betrachtungen auch höhere morphologische Struktureinheiten wie Lamellen und Fibrillen in Faserwerkstoffen einbezogen werden müssen. Notwendig erscheint in diesem Zusammenhang der Hinweis auf die Bedeutung morphologischer Arbeitsmethoden in der gesamten Polymerforschung, aber auch gleichzeitig der Hinweis auf die heute bestehende Forderung nach einer stärkeren Quantifizierung der mit solchen Methoden erhaltenen Aussagen.

2. Zu dem im Vortrag und in der Diskussion mehrfach angesprochenen Problem der Struktur-Eigenschafts-Beziehungen sei bemerkt, daß diese Frage heute zweifellos einen Schwerpunkt der werkstoffbezogenen Polymerforschung darstellt. Eine Lösung des Problems ist allerdings nur sehr langsam und schrittweise zu erwarten, da in vielen Fällen noch geeignete Methoden zur umfassenden Charakterisierung der Realstruktur der Polymerfestkörper fehlen, da auf den einzelnen Strukturebenen in allen Fällen Verteilungsspektren und nicht Mittelwerte allein in Erwägung zu ziehen sind, und da in ihren Auswirkungen

gerade auf die Werkstoffeigenschaften molekulare und übermolekulare Struktur im weitesten Sinne bei organischen Polymeren stets im Komplex bzw. in ihrer gegenseitigen Wechselbeziehung betrachtet werden müssen. Wesentliche Impulse für die Bearbeitung des gesamten Gebietes sind von weiteren Fortschritten in unserer Kenntnis der zwischenmolekularen Wechselwirkungen sowie der nichtthermischen, insbesondere der mechanischen Aktivierung chemischer Bindungen geradezu im Hinblick auf Bruchvorgänge in Polymeren zu erwarten. Abschließend sei betont, daß die künftige Bearbeitung des Gesamtgebietes der Struktur-Eigenschafts-Beziehungen bei organischen Polymerwerkstoffen eine ausgesprochen interdisziplinäre Aufgabe für Physik und Chemie der Polymeren darstellt.

3. Im Zusammenhang mit den Ausführungen des Vortragenden zur Struktur der Nucleinsäuren möchte ich darauf hinweisen, daß neben der großen Variabilität der Primärstruktur und der Möglichkeit einer Ausbildung spezieller intramolekularer und intermolekularer Ordnungszustände das Auftreten kooperativer Effekte, d. h. eine Beeinflussung von Reaktionsgeschwindigkeit und Reaktionsmechanismus durch Nachbargruppen und Nachbarbausteine entlang der Polymerkette charakteristisch für organische Hochpolymere ist. Solche kooperativen Effekte bewirken beispielsweise eine Stabilisierung bestimmter intramolekularer Strukturen wie etwa der Doppelhelix von Nucleinsäuren; denn die bekannte Selektivität der Basenpaarung bei Nucleinsäuren und die dabei erreichte Stabilität der Doppelhelix ist erst oberhalb einer gewissen Anzahl von Monomerbausteinen gegeben. Solche kooperative Wechselwirkungen spielen aber auch eine große Rolle bei der Beeinflussung niedermolekularer Reaktionsabläufe, z. B. von Esterspaltungen durch makromolekulare Katalysatoren, indem hier eine Reaktionsbeschleunigung zum Teil um mehrere Zehnerpotenzen durch das Zusammenwirken bestimmter, in definiertem Abstand entlang der Polymerkette zueinander angeordneter Gruppen am Makromolekül zustande kommt. Der Reaktionsablauf in solchen Systemen zeigt gewisse Analogien zu Enzymreaktionen, wobei allerdings dieses in-vitro-Modell im Vergleich zu den in der lebenden Zelle ablaufenden Reaktionen noch ausgesprochen primitiv ist, aber dennoch schon jetzt Ansatzpunkte für künftige gemeinsame Aufgaben von Polymerchemikern und Biologen erkennen läßt.

FSC
www.fsc.org
MIX
Papier | Fördert gute Waldnutzung
FSC® C083411

Kolibri 360 GmbH
Ferdinand-Jühlke-Straße 7
99095 Erfurt, Deutschland
produktsicherheit@kolibri360.de